以渐强的心态生活

［美］

史蒂芬·柯维　Stephen R. Covey

辛西娅·柯维·哈勒　Cynthia Covey Haller

著

Your Most Important Work Is Always Ahead of You

Live Life in

Crescendo

中国青年出版社

图书在版编目（CIP）数据

以渐强的心态生活 /（美）史蒂芬·柯维,（美）辛西娅·柯维·哈勒著；熊恬译. -- 北京：中国青年出版社, 2024. 8. -- ISBN 978-7-5153-7296-9

Ⅰ. B84-49

中国国家版本馆CIP数据核字第2024875KZ7号

Live Life in Crescendo
Original English Language edition Copyright © 2022 by Cynthia Covey Haller
Published by arrangement with the original publisher, Simon & Schuster, Inc.
Simplified Chinese translation copyright © 2024 by China Youth Book, Inc. (an imprint of China Youth Press)
All rights reserved.

以渐强的心态生活

作　　者：[美] 史蒂芬·柯维　辛西娅·柯维·哈勒
译　　者：熊　恬
责任编辑：宋希晔
策划编辑：宋希晔
美术编辑：杜雨萃
出　　版：中国青年出版社
发　　行：北京中青文文化传媒有限公司
电　　话：010-65511272 / 65516873
公司网址：www.cyb.com.cn
购书网址：zqwts.tmall.com
印　　刷：大厂回族自治县益利印刷有限公司
版　　次：2024年8月第1版
印　　次：2024年8月第1次印刷
开　　本：880mm×1230mm　1/32
字　　数：135千字
印　　张：9
京权图字：01-2022-4285
书　　号：ISBN 978-7-5153-7296-9
定　　价：59.90元

感谢我伟大的父母，史蒂芬和桑德拉·柯维，他们一生都是"以渐强的心态生活"的典范。

我还要感谢我的丈夫、我一生的挚爱卡梅隆，感谢他的乐观、坚定和无条件的爱。

赞 誉

"高效能人士的另一个习惯是：他们以积极向上的心态设想未来。这是史蒂芬·柯维携他的女儿辛西娅送给读者的最后一份礼物，它将激励你拥有更伟大、更美好的梦想。"

——亚当·格兰特，《纽约时报》畅销书第一名《重新思考》的作者，TED播客WorkLife的主持人

"史蒂芬·柯维一直以渐强的心态生活，并不断激励别人也这样做。一次偶然的机会，我们一起搭同一次航班，这段经历改变了我的职业生涯和我的人生轨迹。我受到了启发，恢复了元气。当他在这本书中分享原则时，我仿佛在不断向伟大品格靠近，这本书让我看到了摆在我面前的巨大机遇。史蒂芬·柯维给后人留下的思想财富熠熠生辉。"

——史蒂夫·杨，NFL名人堂四分卫、HGGC董事长兼联合创始人

"我提倡的格言是'赚钱可能是一种幸福，但让别人幸福是超级幸福。'简单地说，幸福有很多来源，不仅仅是经济上的成功。只有当我们与那些需要帮助的人分享和服务时，我们才能在更深层次上体验到

真正的快乐。《以渐强的心态生活》教会我们如何通过全身心奉献实现有使命有意义的生活。谢谢你们，史蒂芬和辛西娅，感谢你们的精彩分享和这部重要的、鼓舞人心的作品。"

——穆罕默德·尤努斯，2006年诺贝尔和平奖得主、格莱珉银行创始人

"史蒂芬·柯维在他的最后一本领导力著作《以渐强的心态生活》（由他的女儿辛西娅完成）中提出了关于退休的思维模式转变，柯维博士认为尽管我们可以从一份工作或职业中退休，但我们还可以继续对周围的人做出有意义的贡献。本书提供了新的见解和鼓舞人心的个人故事，帮助我们像渴望成功的职业生涯一样，渴望专注于服务他人来提高生活质量。"

——阿里安娜·赫芬顿，Thrive的创始人兼首席执行官

"退休不是结束，而是真正的开始。我们有更多的时间来建立更牢固的关系，并为我们更大的社区做出贡献和回报。这本精致且鼓舞人心的书为我们提供了榜样、故事和创造不朽遗产所需的智慧，这些思想遗产的意义将会一直传递下去。感谢史蒂芬·柯维博士和辛西娅写了这本精彩的书，这是对史蒂芬·柯维博士和他的思想遗产的致敬。"

——英德拉·努伊，百事公司前首席执行官兼董事会主席，《纽约时报》畅销书《我的完整人生》的作者

"我喜欢《以渐强的心态生活》。它充满了乐趣、智慧和伟大的故事，它将帮助所有寻求改善生活的人。就像又走近了柯维博士一样。《高效能人士的七个习惯》对年轻的我来说很重要，但我发现他和他女儿辛西娅合著的新书更重要，它指导我们，无论处在哪个年龄段，我们都要走得比我们想象中更远。"

——丹尼尔·阿门，医学博士，阿门诊所的首席执行官

和创始人，《更快乐的你》和《心理疾病的终结》一书的

作者

"无论你处在逆境还是顺境，或是停滞不前，你要相信最好的时光仍在前方。这本充满希望的书带着史蒂芬·柯维博士标志性的智慧和温暖，向我们展示了生活是如何变得越来越好的。"

——丹尼尔·平克，《纽约时报》畅销书《后悔的力量》

《何时》和《驱动力》作者

"认为我们已经在工作中尽了自己最大所能是一种诱惑。我们已经到达了顶峰，我们正在走下坡路，我们的辉煌时代已经过去。而史蒂芬·柯维和辛西娅·柯维·哈勒的这本书带来了新视角。它转变了我们的思维方式，让我们相信我们最大的贡献仍在前方。事实上，这本书在柯维博士去世十年后出版，就说明了它的重要性。辛西娅如此忠实地捕捉了她父亲作品的精神，并表达了她的一些看法。读到这本著作对我来说是一种运气，希望对你也一样，因为它会完全改变你对生

活的看法。"

——格雷戈·麦吉沃恩,《纽约时报》畅销书《精要主
义》和《轻松主义》的作者

"正如我们这一代的绝大多数人,我们已经从为人父母转变成了祖父母的身份,我们的创作也跟着发生了变化。当我们正在绞尽脑汁准备写一部关于人生后半程的书时,我们的老朋友柯维博士在离世前已经完成了这项工作,或者说完成了这项工作的绝大部分。他的大女儿辛西娅从一开始便参与了这本书的编写,在柯维博士去世后,她接过了这根接力棒,出色地完成了这一著作。《以渐强的心态生活》便这样惊艳地问世了!"

——《纽约时报》畅销书作者理查德·艾尔和琳达·艾尔,《教育孩子价值观》《祖母教育》和《做一个积极主动的祖父》的作者

"史蒂芬·柯维的书塑造了我的生活和领导力。《以渐强的心态生活》是柯维博士基于个人使命宣言,提出对充分投入生活的诚意之作。对于每一个将生活视为促进成长和影响力的机会的人来说,这是一部必读之作。在这本书中,你会发现每个人都可以为自己的一生做出不可思议的贡献。"

——西莱斯特·梅尔根斯,屡获殊荣的全球非营利组织"女童日"的创始人

"辛西娅·柯维·哈勒在这本鼓舞人心的书中借鉴了已故的史蒂芬·柯维博士的伟大思想。《以渐强的心态生活》将给每一个人带来灵感和希望，生活从始至终都是有成效的和有意义的。"

——亚瑟·布鲁克斯，哈佛大学肯尼迪学院和哈佛商学院教授，《纽约时报》畅销书《不断强大》作者

"《以渐强的心态生活》是一个很好的提醒，我们每个人都会有一段经历心痛和创伤的故事，但最终，我们有力量站起来，继续向前走。我们不仅活了下来，而且还能重新获得快乐。它是鼓舞人心的，充满爱意的。我很荣幸我的故事被收录。"

——伊丽莎白·斯玛特，《纽约时报》畅销书《我的故事》和《哪里有希望》作者

"辛西娅·柯维·哈勒，作为她父亲思想的忠实传递者，精准地捕捉到了'以渐强的心态生活'的真正含义。当我翻开每一页时，我仿佛能听到柯维博士的声音。这本书激励我们所有人抓住每一个时刻，过一种有目的、有服务、有爱、有贡献的生活，同时知道我们最重要的成就仍在我们前方。"

——穆里尔·萨默斯，A.B.科姆斯领导力精英小学的前校长，该校是世界上第一所"领袖在我"学校，也是唯一两度被评为美国第一精英小学的学校

目 录

创造你最好的未来

辛西娅·柯维·哈勒

> 我们留下的不是刻在石碑上的东西，而是编织在他人生命中的东西。
>
> ——伯里克利，古希腊雅典执政官

我父亲教导我"预测未来的最好方法就是创造未来"。他总是计划在他活着的时候就要一直工作并做出贡献，而且他计划永远践行。他向他的孩子们和那些熟悉他的人明确表示，他的词典里根本没有"退休"这个词。他从不看重自己的年龄，当有人把他所处的人生阶段称为"黄金岁月"时，他会感到羞愧。

父亲以一种"活在当下"或"把握今天"的态度生活，并教导他的九个孩子也这样做。每当有大好机会时，他就喜欢引用梭罗的话告诫我们，让我们"吸取生命中所有的精华"。这种心态让他一直年轻，不断精进。我们知道，他不会错过任何享受生活和帮助他人的机会。

在父亲25岁从哈佛商学院毕业后，他的兄弟问他以后要做什么。

他的回答很简单："我想释放人类的潜能。"在接下来的55年里，围绕着他所讲的"以原则为中心的领导力"这一主题，通过他鼓舞人心的书籍和充满活力的教学，他在全球范围内实现了这一目标。他公司的标识是指南针，象征着将一个人的生活与他所讲的"真北"原则保持一致的重要性——这是一个不随时间改变的基本原则的标识。父亲相信，把这些永恒的、普遍的、对所有人都适用的原则传授给他人，就能彻底改变和影响个人和组织。他是一位有远见的、有伟大思想和理想的人。

他喜欢询问他遇到的每一个人的生活、工作、家庭、信仰以及兴趣——只是为了向他们学习。他经常征求他人意见以倾听不同的声音。他认真地听取意见，并提出问题，把他们当作各自领域的专家。他会认真倾听教师、出租车司机、医生、首席执行官、女服务员、政治家、企业家、父母、邻居、蓝领工人、专业人士，甚至是国家元首的想法，并以同等兴趣和好奇心对待他们。这一点让我母亲不解，她有时会翻白眼，说道："史蒂芬，你为什么和别人说话的时候总是表现得好像你什么都不知道？"然后父亲会以一种坦然的口吻说："桑德拉，我已经知道我知道的，但我想知道他们知道的！"

作为家里九个孩子中年龄最大的一个，我从小就听我父亲在家里以及他在世界各地的演讲中讨论"以原则为中心"的理念。我最喜欢的原则之一是"要事第一"，这也是他所著的一本书的书名，也是"七个习惯"之一。父亲努力践行他所教导的，因此家庭关系对他来说是最重要的。虽然家中有九个孩子，但每个孩子都觉得自己是家庭中的重要一员，与父母双方都保持着良好的关系。

我最喜欢的童年回忆之一是在我12岁时，父亲邀请我陪他去旧金山出差几天。我很兴奋，我们仔细计划了他演讲工作后我们在一起的每一分钟。

我们决定在第一天晚上乘坐我曾听说的著名的有轨电车绕城一周，然后在一些高档商店里买一些学生服装。我们都喜欢中国菜，所以我们打算去唐人街，然后在游泳池关闭前回到酒店游会儿泳。最后以客房服务提供的一个热软糖圣代来结束一天的行程。

当那天终于到来时，我焦急地在他演讲后台等着他。就在他快走到我面前时，我看到他的一个大学同学兴奋地朝他打招呼。当他们拥抱在一起时，我想起了父亲讲的那些多年前他们在一起的冒险故事和快乐时光。"史蒂芬，"我听到他的老同学说，"我们可能至少有十年没有见面了。露易丝和我很想今晚带你出去吃饭，我们叙叙旧，聊聊之前的日子吧。"之后，我听到父亲解释说我是陪他来的，他同学瞥了我一眼说："哦，我们当然希望你的女儿也能加入我们。我们可以一起在码头上吃饭。"

我意识到我和父亲先前的所有宏伟计划可能都要泡汤了。我可以看到我的电车在没有我们的情况下在铁轨上前行，中国菜被替换成了我讨厌的海鲜。我感到被背叛了。但我意识到，父亲可能更愿意和他的好朋友在一起，而不是一个12岁的孩子。

父亲深情地搂着他的朋友。"哇，鲍勃。能再次见到你真是太好了。晚餐听起来很有趣，但今晚恐怕不行。辛西娅和我有一个特别的夜晚计划。是吧，宝贝？"他朝我眨了眨眼，令我吃惊的是，电车又出现在我的眼前了。我忍不住笑了起来。

我无法相信，我想他的朋友也无法相信。随即我们便出了门。

"天哪，爸爸，"我终于说了出来，"但你确定要这么做吗？"

"听着，宝贝，我不会为了任何事情而错过与你约定的这个特别之夜。反正你更想吃中国菜，不是吗？现在，我们去搭电车吧！"

当我回顾我的生活时，这段看似微不足道的经历却体现了父亲的品格，并从那天起为我们的关系建立了一定程度的信任。他教导我们"在人际关系中，小事就是大事"，并始终以身作则，我的弟弟妹妹都有类似的"旧金山的经历"，他们能感受到自己很重要且受重视。这种爱和信任的沉淀是我们自我价值的核心，在我们成长的过程中对我们产生了巨大的影响。

父亲认为我们应该成为他所谓的"四面人"：一个在生理、心理、社交和精神上都保持平衡的人，因为这些方面的每一面都是人类成就的基础。在父亲生命中的每一天，他都努力在各个领域发展自己，努力过一种平衡的生活，他也教导其他人这样做。他写道："我们的首要精力应该放在我们自己的品格培养上，这通常是别人看不到的，就像支撑大树的根一样。当我们培养根系时，我们就会开始看到果实。"

虽然他像我们所有人一样，会与自己的不完美作斗争，但他比我认识的任何人都更努力地完善自己，克服自己的缺点。我们都知道，他的职业生涯令人钦佩，但与我们所了解的家庭私生活相比，就会略显暗淡。几十年来，他和我们的母亲一起，积极地在我们的家庭中创造丰富的家庭文化，他试图释放我们最大的潜力，也通过他的专业工作帮助他人释放潜力。我们的家人从来没有想到，有一天他会无法像以前那样积极主动地面对生活。

2012年4月，79岁的父亲骑自行车发生了事故，尽管他戴着头盔，但头盔太松了，他的头还是被撞了，脑部也出血了。他在医院里住了几个星期，回到家以后就再也不是以前的他了。最后，他的脑部再次开始出血，并最终夺去了他的生命。

虽然我们对父亲的去世深感悲痛，但我们知道父亲是一个非常有灵性的人，他教导我们，在我们生活中发生的每一件事情背后，命运都有它的安排——即使我们的父亲比我们想象的更早地离开了我们。这么多年来，我们有幸拥有这样一位了不起的父亲，我们对得到的无条件的爱和深刻的指导十分感激。我们同样感谢我们慈爱的母亲，她是柯维一家的女家长，而她最近也不幸地离开了我们。

在我父亲去世前几年，他问我是否愿意帮他写一本新书，而此书的主题，我们现在才意识到，或许是他最后一个"伟大的想法"了。他对这件事充满了热情。他经常同时进行几本书和几个项目，但我对这个新想法非常感兴趣，很想参与进来。

就像他对自己人生的总体规划一样，在书完成的数年前，他就清楚地设想了这本书的书名：《以渐强的心态生活》。他相信，通过采用所谓的"渐强心态"，一个人可以在不同的年龄段和人生阶段不断向前看，不断进步。他经常充满激情地谈论这个话题，并鼓励那些对自己的生活感到不满或因过去的挑战和失败而灰心丧气的人，让他们积极主动地思考和行动，展望未来，并为之后的日子里所能取得的成就和做出的贡献而努力。对他来说，最好的"以终为始"（他所著的《高效能人士的七个习惯》中的一个习惯）是不断做出有意义的贡献，造福他人的生活，而最终，这种心态是获得真正持久幸福的关键。

他对渐强心态的笃信不亚于他在专业工作中所教授的任何理念。在写这本书之前，他开始在他的一些演讲中介绍这个想法，而在他的晚年，渐强心态成了他个人的使命宣言。父亲对"以渐强的心态生活"这个概念充满了热情，他坚信，如果付诸实施，它会对全世界产生巨大的影响。

三年来，我们一起为这本书做出了积极努力，我定期和他碰面，记录他的想法和创意。他总是鼓励，甚至催促我完成我负责的那部分，因为这些部分耽误了出版时间，但他理解我的时间有限，因为家里有年幼的孩子和其他紧迫的任务。虽然我和他一样对这个问题充满热情，并尽可能地收集材料和写作，但遗憾的是，当他意外地离开我们时，书中我所负责的那部分内容仍未完成。

在过去的几年里，我按照他的要求完成了书中我所负责的内容，如故事、例子和评论的撰写。你可能会注意到，有些部分听起来好像他还在世——这是特意这样写的。许多资料是父亲多年前传给我的，反映了他当时的思想、经历和见解，而其他材料取自他的著作、演讲和私人谈话。我有意识地决定以他的口吻来写这本书，因为"以渐强的心态生活"这个想法是父亲独创的，而不是我的。我还加入了他自己生活中的真实故事和经历，以及他在整个职业生涯中对这些例子的观察和与不同人的互动，这些经历会具体以我的视角和口吻表述出来。

他设想将"以渐强的心态生活"这一理念介绍给全世界的人。这本书代表了我们作为一个家庭所认为的他最后的贡献——他的"最后一课"——他的总结性作品。维克多·雨果写道："没有什么比时机成熟的思想更有力量了。"尽管我们的父亲写了许多其他以原则为中心的书，但我们相信，这本书背后的思想是独特的，尤其在当下十分重要。他设想，渐强心态将使我们以希望和乐观的态度展望未来，相信我们总能成长、学习、服务和贡献——这种心态贯穿我们生命的每一个阶段，我们要相信最伟大和最重要的成就可能仍在前方。

《以渐强的心态生活》围绕这一独特的中心思想展开，通过代表不同阶段和年龄的四个部分来阐述，以加强读者对这一原则的理解，并提供了在生命的每个阶段采用这一心态的实用方法。父亲和我想通过各种各样的故事以及来自知名人士和"平凡人"的鼓舞人心的例子来突出这一想法。我们希望其他人的经历能激励许多人相信，他们也可以在自己的影响圈内做出积极的持续贡献，影响他人的生活。

父亲去世几天后，我和妹妹珍妮谈到，如果没有他，我们的生活将会多么不同。突然间，珍妮说："尽管他不在了，但他并没有真的离开；他通过我们活着——他的子孙以及每一个试图按照他教导的原则生活的人。这是他的遗产。"

拉尔夫·沃尔多·爱默生写道："如果我们的孩子和年青一代还活着，我们的死亡并不是终结。因为他们就是我们。"

也许吉姆·柯林斯在《高效能人士的七个习惯》25周年纪念版的

前言中对这一点做了最好的阐述：

> 没有人能永生，但是书和思想却会永远流传。当你用心读这本书，你会深受史蒂芬·柯维能量的影响，你能感觉到他借着文字在和你说："我在这里，我对此深信不疑，让我帮助你，我想让你得到真谛，从中学习；我想让你成长，做得更好，贡献更多，过上有意义的生活。"逝者安息！史蒂芬·柯维的事业仍将继续。

我只希望能成为我父亲对这本书愿景的忠实译者。也许这本书会像他说的那样，引导人们"把自己的价值和潜力清晰地传达给另一个人，让他们也看到自己身上的价值和潜力"。我的父亲史蒂芬·柯维深信，《以渐强的心态生活》能够有力地影响和激励那些努力创造自己最佳未来的人，这最终将成为他们自己的独特遗产。我希望这本书能够成为他伟大遗产中持久而鲜活的一部分，并为释放你的最大潜力服务。虽然他暂时离开了我们的视线，但他的遗产却在以"渐强"的方式持续发光发热。

渐强心态

> 我到森林里去，因为我希望活得有意义，只面对生活的基本事实，看看我是否能学到生活教会我的东西，免得当我死的时候，发现自己根本没有活过。我不希望过非生活的生活，生命是如此珍贵……我想活得深刻，吸取生命中所有的精华。
>
> ——亨利·戴维·梭罗

随着年龄增长，你如何看待你生命中的各个阶段？你将如何踏上你自己独特的人生旅程？我相信，为自己制订一个人生计划以应对生活中的起起落落是至关重要的：低谷、成功、意外的挑战，以及你很有可能面临的巨大变化。在真正生活之前，最重要的是创造一个最好的未来。

这本书将介绍适用于生命中任何阶段的"渐强心态"。"以渐强的心态生活"是一种思维方式和行为准则。它是一种通过为他人做出贡献来对待生活的独特视角，并始终着眼于你未来要完成的事情。它重新定义了世俗衡量成功的方式。如果你采用"渐强心态"，我相信它会给你的生活、你周围的人，甚至整个世界都带来巨大改变。

在音乐中，渐强的意思是指声音变得更加响亮，以及力量、音量和活力的增强。渐强的标志"<"表明如果你不断延长线条，音乐的音量就会继续增强，无限扩大。而渐弱">"的意思则恰恰相反：音乐的音量和力量在减小，能量在降低和减弱；正如标志">"所显示的那样，它最终会逐渐淡出、消失，走到尽头。"以渐弱的心态生活"意味着你不再寻求延伸、成长和学习；你满足于你已经取得的成就，最终停止产出和贡献。

当一段音乐达到高潮时，它不只是声音变大。作曲或演奏中提高、加强和扩展的感觉源于富有表现力的节奏、和声和旋律的组合，而这些反过来又以音高、节奏以及音量的动态元素作基础，并与作曲或演奏中的时间推移相结合。

同样，我们将看到，"以渐强的心态生活"可以表达我们的热爱、兴趣、感情、信仰和价值观，而这些又建立在指导我们生活各个阶段的基本原则之上。

"以渐强的心态生活"意味着在贡献、学习和影响力上不断成长。"你最重要的工作仍在前方"的心态是一种乐观的、前瞻性的心态，它告诉你无论发生了什么，无论你处于什么阶段，你都可以做出贡献。想象一下，如果你接受这样一种观点：你最大的贡献、成就，甚至幸福，永远在前方等待你，生活将会发生怎样的变化？就像音乐建立在前一个音符上，但让我们期待的永远是下一个音符或和弦一样，你的生活建立在你的过去之上，但它却在未来展开。

这种心态不是一蹴而就的，而是贯穿整个生命旅途的，它将成为你内心富足和积极主动的一部分动力。渐强心态提倡利用你所拥有的一切——你的时间、才华、技能、资源、天赋、激情、财富、影响力，来丰富你周围的人的生活，无论他们是你家庭成员、邻居、社区，还是整个世界。

> 生命的意义在于找到你的天赋，而生命的目的在于把它奉献出去。
>
> ——巴勃罗·毕加索

毕加索的话可以作为这本书的使命宣言。你可以选择一种前瞻性的思维方式，注重在生活的起起落落中不断学习和成长，同时不断寻找方法为你周围的人做出贡献。

这一哲学的希腊版本是首先"认识你自己"，然后"控制你自己"，最后"奉献你自己"。希腊人强调了这个顺序的重要性和其所带来的力量。当你带着一种独特的使命感生活，并通过正确的选择来把控生活时，你就能够服务他人，并帮助他们找到他们的目标和使命。这会给你和他人都带来满足感和喜悦感。

此书分为四个主要部分，每个部分都基于人生的关键阶段，你可以根据你的情况，选择以渐强的心态生活，继续完成你最好的工作；或是选择以渐弱的心态生活，最终淡出生活，不做出任何贡献。正如作曲家和演奏者通过音乐来表达自己，无论音乐多么复杂，都植根于其基本原理，我们所有人的生活方式都体现了人类行为和互动的基本原则。

第一部分：中年的挣扎

这个阶段涉及你当下所处的位置与你想到达的位置的比较。在你的中年时期，你可能会感到沮丧，认为自己没有取得什么有价值的成就。也许你已经放弃了努力，认为机会已经过去了。但实际上，在最重要的事情上，你完成的可能比你意识到的要多得多。如果你的生活确实需要改善，你可以选择改变，重新创造你的生活，成为一个有贡献和真正成功的人。

第二部分：站在成功的顶峰

如果你在生活的某些方面取得了巨大的成功，你可能会倾向于坐下来，享受你的战果，然后顺其自然。你可能有一种"去过那里，做过那些"的态度，觉得你已经付出了你所能付出的一切。然而，"以渐强的心态生活"意味着你不回看后视镜或专注于过去的成功（或失败）；相反，它意味着你要展望你的下一个有价值的目标或伟大的贡献。可能在这个激动人心的人生阶段，你最伟大的成就还在后面。

第三部分：改变人生的挫折

一场事故发生了，你有了严重的健康问题，你被裁员或被解雇了，你被诊断为绝症，你的亲人离世了——生活中有很多时候你会经历重大挫折。在这样的时刻，重新评估你的生活、目标和优先事项会变得很有必要。你会选择放弃并退出吗？你会让这种经历重新定义你吗？还是会直面挑战，有意识地选择如何应对，重新开启生活，继续前进，并做出重大贡献？

第四部分：生命的后半程

当你到了传统的退休年龄，或者被社会错误地称为"逐渐退化的年龄"时，你将面临一个重大的选择，即如何度过你剩余的时间。人生的这一阶段可能是一个非常自私，甚至单调和没有成就感的阶段，你会经历或只能忍受它。或者你也可以选择高效地为你的影响圈内外的人做出贡献。你的潜能是被利用还是被浪费，完全取决于你是否相信自己最重要的贡献仍在前方。

渐强心态使用以下关键原则来指导你度过人生的这四个阶段：

• 生活是使命，而非事业

• 乐于服务

• 人比物更重要

• 领导力是向他人传达价值和潜力

• 努力扩大你的影响圈

• 选择以渐强的心态生活，而不是渐弱心态

• 从工作到贡献的转变

• 创造有意义的回忆

• 审视你的目标

尽管可能有一些东西将我们彼此区分开来，比如文化差异，误解，机会、背景和经验上的差异——作为人类大家庭的一部分，我们拥有的重要共性远远超过我们可能完全理解的。如果你曾经旅行并接触过世界各地的人，你会发现我们本质上都是一样的——富人和穷人，名人和普通百姓，都在努力追求幸福和价值，有着同样的希望、恐惧和梦想。大多数人对他们的家庭都有着强烈的感情，有着同样的需求，即被理解、被爱、被接纳。

我同意萧伯纳的说法："有两件事定义了你：你一无所有时的耐心和你拥有一切时的态度。"你如何应对生活中的这些矛盾既是一种挑战，也是一种机遇，这将在整本书中加以说明。

我对人性持乐观态度。我不赞同对我们的世界持愤世嫉俗的看法，尽管我们的问题很大，而且越来越多，但我相信大多数人的本心是善良、正派、慷慨、对家庭和社区负责、足智多谋、聪颖睿智、有非凡的精神、勇气和决心。更重要的是，我在年青一代身上看到了巨大的希望和潜力。你们所拥有的巨大潜力，远远超出你们的想象。

第一部分

中年的挣扎

快乐人生的三个必要元素是，有要做的事、热爱的事及盼望的事。

——约瑟夫·艾迪生

许多人低估了自己的能力，主要是因为他们对自己没有一个正确的认识。他们以同样的方式做着同样的事情，他们从来没有真正"突破"过自己的标签和别人对他们的看法。他们认为自己只是普通人，无法改变世界，他们对自己的期望很低，以至于他们只实现了自己预想的，却收效甚微。虽然他们可能通过贡献而获得富有意义的人生，但他们却通过贬低自己的价值和幸福而使自己沦为平庸之辈。

但他们想做和想做更多的渴望仍然存在。所以，如果你有这些感觉，要心存感激！在我们每个人的内心深处，都渴望过一种伟大而有贡献的生活——有意义，真正有所作为。我们可以有意识地决定离开我们自认为平庸的生活，去追求伟大的生活——在家里，在工作中，在社区中。

第一章

生活是使命，而非事业

> 你能给予或接受的最大礼物莫过于履行你的使命。这是
> 你出生的原因，也是你最真实地活着的方式。
>
> ——奥普拉·温弗瑞

圣诞经典电影《生活多美好》（*It's a Wonderful Life*）向我们讲述了一个重要的故事，我们都曾怀疑过自己的生命是否真的重要。你可能还记得，乔治·贝利是一个正直的人，他放弃了远大梦想，选择留在他的家乡贝德福德镇，管理他父亲的储蓄和贷款。他似乎注定要靠一份低薪的工作生活，当面对不是他自己的过错造成的财务破产时，乔治绝望了。他认为没有希望了，于是考虑从桥上跳下去。

像乔治·贝利一样，你是否曾觉得生活完全与你擦肩而过，你的梦想和抱负被搁浅？你达成了自己的目标，还是看到了自己在做一些与自己期待不符的事情？你的履历表是否单薄，你的业绩是否被降级归为了"慢车道"？你对生活的热情是否在减退，因为你感到幻想破灭，更加愤世嫉俗，对你真正能有所成就的事情失去信心？你是否像乔治·贝利一样，在找一座可以跳下去的桥，想知道自己的所作所为是否会对别人产生影响？

社会给这种折磨起了个名字，叫作"中年危机"。对于那些遭受中

年危机的人来说，这种折磨可能是压倒性的，40—60岁的男人和女人发现他们没能到达他们期望的位置，或成为他们想成为的人。他们常常觉得自己比不上周围那些生活看起来更"正常"、更"成功"的人。

在人生的这个关键阶段，人们会面临很多挑战：

• 你的雇主不认可或奖赏你的技能和才华

• 你觉得自己工作过度，不被赏识，甚至怀疑自己的工作是否值得

• 你的职业路径很无聊，没有成就感，你觉得没有什么选择

• 你在婚姻或其他重要的关系中挣扎

• 你似乎找不到个人的满足和真正的幸福，你在想是否应该重新开始

• 你无法相信自己所处的境地；你以为你会在成功的道路上走得更远

人们遭受中年危机的迹象有：

• 抑郁、冷漠、倦怠

• 缺乏真正的目标或抱负

• 丧失长远眼光

• 以自我为中心，无视最亲近的人的需求

• 寻找人为或外部刺激

在这个中年阶段，人们有时会惊慌失措，做一些他们通常不会做的事情——比如买一辆昂贵华丽的车（这样会显得他们看起来很成功），辞掉稳定的工作，开启一项冒险的新事业，开始像青少年一样打扮和做事，甚至从事大胆或危险的活动。

最糟糕的是，有时他们会跳出来，离开他们的配偶和家人，希望

不同的环境、新的开始或新的关系会让他们产生更年轻的感觉，以此改善他们停滞不前的自我形象。

我一个朋友的父亲40多岁时，经历了一场典型的中年危机。当我和他交谈时，他分享了他的故事，我在这里借用他自己的话讲述：

在我父亲43岁的时候，他被调到离这里几小时路程的另一个城市，我的母亲、弟弟、妹妹和即将高中毕业的我也从我们喜爱的学校搬了出来。我们试图充分适应这次经历，但几个月后我们又搬了家，因为我父亲辞去了他工作多年的银行职务，去寻找新的机会。仅仅几个月后，我父亲找到我母亲，让她坐下，说他要离开她和家人，和他的秘书私奔，而他的秘书正好比他小17岁。

几个月后，我们发现我的父亲和他的新婚妻子（之前的秘书）搬到了南加州，留下我崩溃的母亲继续收拾她自己的"家庭碎片"。这种痛苦难以形容，尽管"可怕"一词已经足够了。一段22年的婚姻结束了，三个十几岁的孩子面临着不确定性、缺乏理解、被遗弃、家中没有父亲且几乎没有任何解释的处境。当"父亲"和他的新任妻子在圣地亚哥打高尔夫时，他对每个人的情绪稳定所造成的破坏都是无法估量的。

我父亲中年危机的影响至今仍在延续，甚至在38年后的今天依然存在。由于母亲在情感上受到了打击，单身了30年，之后便早早离开了人世。而我和我的弟弟妹妹们却在自我怀疑和自信缺失中度过，我们变得碌碌无能、不再相信爱，也经历了家庭机能失调，甚至我们自己也最终走向了离婚这一步。这一切都在继续，没有片刻停止。当然，几十年来，"克服这件事"一直是我们努力要做的，但执行起来远没有那么简单。

但是如果你不喜欢你现在的生活，你首先得正视现实，这是解决问题的关键，而不是逃避它们。离家出走不能解决问题，只会让那些留在家中的人遭受毁灭性的打击。明智的做法是寻找动力来解决你遇到的问题，并维护你投入甚多的一些人际关系。

在这一点上，我们应该记住乔治·贝利的遭遇。在电影中，克拉伦斯·奥多比（一个还没有获得翅膀的天使）被指派去阻止他跳桥的行为。当乔治说他希望自己从未出生时，克拉伦斯实现了他的愿望，并向他展示了如果没有他，贝德福德镇的生活会有多不同。

没有乔治的存在和影响，贝德福德镇变成了黑暗病态的波特斯维尔。乔治想逃离的那个美好的小镇，在他不在的时候，变成了一个充满争议的巢穴，人们在银行家亨利·波特的摆布下，被贪婪和对权力的欲望所驱使。

令人震惊的是，乔治虔诚地祈祷再给他一次机会去生活，享受他从未完全珍惜的生活。他的祈祷应验了，他跑回家去见所有对他重要的人，尽管他仍然面临着因欺诈而被逮捕的危险。但他的家人和朋友聚集在一起，把他从困苦中拯救出来，以报答他多年来为他们做出的许多牺牲。

"是不是很奇怪？"克拉伦斯对乔治说，"每个人的生活都影响着许多其他人的生活。当他不在的时候，他会留下一个可怕的洞，不是吗？你看，乔治，你拥有的生活真的很美好。"

像乔治·贝利一样，你可能在生活的许多领域都很成功，但你自己却没有意识到这一点。真正的成功并不总是像它看起来那样，或者像别人赞美的那样。你可能达不到别人的期望，但如果你在自己生活中最重要的角色上取得成功，你在最重要的事情上就是成功的。

虽然工作对于养活我们自己和家庭是必不可少的，但它不是我们的人生使命。渐强心态的一个关键部分是不要担心在世人眼中我们是否是一个成功的人。相反，我们应该重新定义成功，努力成为对世界有重大影响的人。

创造你的未来

你无法预测未来，但可以创造未来。

——彼得·德鲁克

在我的演讲中，我经常要求人们写自己的讣告。虽然这听起来可能很奇怪，但这个过程能够让人们思考他们想要被记住的是什么，然后他们可以努力实现它。创造你自己最好的未来。如果你仔细考虑过你希望别人在你的葬礼上怎么评价你，你就会发现你自己是如何看待成功的。

为了帮助你写自己的讣告，花点时间问自己这些问题：

• 你想在你的葬礼上听到关于你的什么？

• 你会因什么而出名？

• 你最大的成就是什么？

• 当你回顾你的生活时，是什么给了你最大的快乐和满足？

• 你想留下什么遗产？

现在，将期待中的讣告与你在中年时期为实现它而做的事情进行比较。你的生活和你想要的结局一致吗？你是否会因为你真正关心的事情而被铭记？有了这些重要的问题，你就可以开始创造你未来的生活——规划，设定目标，做出调整，然后努力实现它。

当你审视自己，以及在这个关键的中年阶段你处于什么位置时，请记住渐强心态的两个原则：

第一，看到真正的成功，不要与他人相比——努力生活，在你所扮演的最重要的角色上取得成功。

第二，确定你的生活中需要改进的地方，勇敢主动地做出积极的改变——运用你的主动性，努力让它发生！

选择正确的标准

不管你的感受如何或你的信仰如何，你确实有能力选择自己对生活环境的反应。效率低下的人通过指责别人或他们的环境来推卸责任，"外在"的某些人或事是他们不能成功的原因。这种内心对话对改善处境毫无帮助。

积极主动的人说：我知道我拿到了怎样的人生剧本，但我不受那些剧本的限制。我可以重新改写自己的剧本。我不需要成为条件或条件作用的受害者。我可以选择对任何情况做出反应。我的行为视我的决定而定。

通过领导力和榜样作用，圣雄甘地教导我们应该不断抓住成长和改进的机会。他说："让每天都过得充实，好似你明日即将离世；持续不断地学习，仿佛你得以永生。"

我上面讲的那个朋友的故事就是一个通过有意改善生活而带来积极变化的例子。对于父亲抛弃家庭的错误选择，他无能为力；然而，他可以从发生在他身上的事情中吸取教训，和自己的家人做出不一样的选择。他可以选择采取行动，而不是对发生在他身上的事情被动地做出反应。这就是他大约30年后的最终选择。

破坏和破坏性行为的循环从他那里停止了。他了解到他的行为视他的决定而定，他便努力成为一个"转型人物"（后面会详细介绍）。他决定不再在自己的家庭中重蹈覆辙，而是选择传递爱、忠诚和责任。虽然他可能会因为他痛苦的背景而背负一些包袱，但通过自我控制和有意识的努力，他选择不让这些包袱定义他的当下。因此，他和他的妻子创造了一种全新的、美好的、成功的家庭文化。

我的朋友觉得他的事业没有他期望的那么成功。但从我的角度来看，他创造了一个令人难以置信的成功故事。他克服了艰难的过去，拥有了爱意满满的婚姻，并与六个孩子一起建立了强大的家庭文化。还有什么比这更成功的呢？

如果你觉得自己陷入了中年危机，或者正在经历停滞困境，不要惊慌地跑开或逃避。相反，利用你的自我意识的天赋，从当下状态中分离出来，学会以旁观者的视角看待这样的处境。你要认识到，你可以有意识地选择那条你将来会感到幸福的路线。

> 你注定要成为的那个人，是你决定要成为的那个人。
>
> ——拉尔夫·沃尔多·爱默生

在选择你如何回应的这种自由中，蕴藏着实现成长和幸福以及开拓你个人之路的力量。

我记得曾经听说过一个人，当他被要求和一位杰出的领导谈论他自己时，他略感尴尬。他说：

> 我并不是你们所说的那类很成功的人，虽然我们的家庭生活很幸福。我一直有一份体面的工作，但并没有真正在事业上出人头地，也没有赚到很多钱。我们在一个普通的家庭里过着简朴的生活，在我的亲密圈子之外，我不为人所熟知。
>
> 然而，我最大的快乐是我有一位可爱的妻子，她和我一起生活了将近50年，还有我引以为豪的孩子。我五个孩子中最小的一个最近刚结婚，我们感到很幸运，我们所有的孩子都已成长为负责、独立、有爱心的成年人。他们爱自己的孩子，并教给他们良好的价值观；我们很感激有这样一个美好的家庭。但是，就我个

人的职业生涯和任何能脱颖而出的其他方面而言，我从未真正成功过，有时我想知道我是否真的做出了很大的成就。

这位领导非常惊讶地回答说："为什么，这是我听过的最伟大的成功故事之一！我很少听说过类似这样的成功！"这个人就像"一条最后发现水的鱼"，沉浸在自己的自然环境中，完全没有意识到这一点。他实际上一直拥有"真正的成功"以及那些一直以来最重要的东西，但他却没有看到这些。在我们的社会中，"成功"一词总会指向财富、地位、事业上的卓越职位，而以这个标准来看，他并不算成功。然而，这里对成功的定义却截然不同。

菲尔·瓦萨的一首歌《不要错过你的生活》(*Don't Miss Your Life*)讲述了我们应该如何利用时间，以及什么才是我们优先考虑并珍视的。以下是一部分歌词：

> 在飞往西海岸的飞机上，笔记本电脑放在我身前，
> 文件散落在我的座位上，我有个重要的截止期要赶。
> 坐在我旁边的一位老人说："对不起，打扰了，
> 30年前，我忙碌的朋友啊，我就是你。
> 我赚了很多钱，我实现了进阶，
> 是的，我是超人，可现在这又有什么意义呢？
> 我错过了女儿迈出的第一步，
> 我儿子在《彼得·潘》里扮演虎克船长的时候，

我在纽约，说"对不起儿子，爸爸得工作"。

我错过了父女舞会，

我错过了第一次全垒打，再也没有第二次机会，

见证儿子再得分时，

已经来不及了。

名利是要付出沉重代价的，

儿子，不要错过你的生活。"

这是对我们生命中最重要的角色之一，即作为父母这一角色的深刻提醒。不要错过你的真实生活——和你爱的人一起度过的时光会给你带来持久的快乐。

这并不是说你的工作在为你的家庭提供安全和保障这一方面不重要。重要的是你要认识到，以渐强的心态生活意味着不要牺牲与你最爱的人之间的宝贵时光和珍贵经历，以换取暂时的东西，因为它们最终将变得不重要。

当一个人面临严重的危及生命的健康危机时，他们最后悔的事情就是没花更多的时间和他们爱的人在一起。我们可以做一个实验，试着这样做：开始与某人谈论他们的家庭，然后发现他们几乎立刻会变得极其温柔。我发现这种反应是普遍的。

克莱顿·克里斯坦森，一位受人尊敬的哈佛大学商学教授和一位朋友合著了一本书，书名提出了一个反思性问题：你要如何衡量你的人生？克莱顿说，1979年他从哈佛商学院毕业后，他的所有同学都各奔

东西，怀揣着在生活中各个领域取得成功的伟大梦想。当克莱顿去参加毕业五年同学聚会时，他发现他的大多数朋友都结婚了，有了孩子，开始了商业投资，并刚刚开始赚钱。到了10年和15年同学聚会时，他的许多同学都在事业上非常成功，而且非常富有。

但克莱顿震惊地发现，他们中的许多人也已经离婚，对自己的个人生活不满意。随着时间的推移，他的许多朋友不再和他们的孩子住在一起，他们的关系也很紧张，因为他们分散在全国各地。让他大开眼界的是，他们在商界的成功并不一定会转化为与创业之初陪伴他们的家人的幸福生活：

> 我可以向你保证，他们中没有任何一个人在毕业时会想到未来会离婚，会与自己养育的孩子变得疏远。然而，他们中有相当多的人让这一点变成了事实。原因是什么？当他们决定如何支配自己的时间、才能和精力时，他们没有把自己的生活目标放在首要和中心位置。

克莱顿认为，关键在于"选择正确的标准"来决定如何衡量你的生活。他说：

> 在你正在从事的事业上取得成功是非常重要的，但这并不是衡量你生活的标准……我们常常用事业上的晋升来衡量生活中的成功。但我们如何才能确保我们在前进的道路上不偏离我们作为

人的价值呢？

我的祖父史蒂芬·理查兹的生活，无论是在个人领域还是在公众领域都一样成功。在他所教给我的道理中，也许没有什么比这个强有力的原则对我的影响更大了：

　　　生活是使命，而非事业。

当我们努力发现和利用我们的才能、信念、天赋、激情、能力、时间、资源——我们所有的一切——我们便会找到我们自己独特的使命。当我们仔细倾听并遵循内心的声音时，辨别该帮助谁、该做什么的能力就会得到加强。答案也就会自然浮现。

这意味着你不任由社交媒体、娱乐业、你的邻居、朋友、厨师、面包师、烛台制造商，甚至你的美容师为你定义成功。成功对不同的人来说是不同的。你必须将你对成功的定义与你的价值观保持一致。忠实于自己，才能展现你的正直。

有一些普遍的原则，超越了文化背景和地域差异，是为大多数人熟知且接受的：诚实、公平、得体、忠诚、尊重、体贴、正直等等。就像指南针所指向的真北一样，它是客观的、外在的，反映了自然规律，而不是主观的、内在的价值观。

指南针提供方向、目的、愿景、视角和平衡。我们的价值观与正确的原则越是紧密地结合在一起，我们的价值观就越准确、越为我们所用。如果我们知道如何看懂地图，我们就不会迷失方向，也不会被相互矛盾的声音和价值观所迷惑。

在你的家庭、职业、社区以及你可能扮演的任何其他角色中，发现你的目标和使命是很重要的。你必须为这个目标而活。当我们经历人生的起起伏伏，尤其是在中年阶段，我们需要用我们的道德指南针来指引和引导我们。

以渐强的心态生活意味着你可以通过改善或改变你的处境来控制和回应发生在你身上的事情——相信你可以做出积极的选择，改变你的思维方式，让一个充满挑战甚至停滞的中年生活变成一个丰富和充实的生活。

> 生活不是发现自我，而是创造自我。
>
> ——萧伯纳

坚信"你最重要的成就仍在前方"会给你动力去不断尝试、学习、改变、适应新的挑战和暂时的挫折。无论你处于哪个年龄阶段，积极地相信和做出回应会让你重新掌控生活，并让你勾画出激动人心的人生轨迹。

如果你正在经历中年问题，尝试一下这样的心态。如果你想在生活中做出一些小的改变，那就先从改变你的态度开始。但如果你想要做出重大且重要的改变，那就改变你的思维模式。就像一副眼镜，我们通过镜片观察生活。你对这个镜片的选择将影响你看待一切事物的方式。

要事第一

我经常教导人们，不要在生命走到尽头时才意识到自己一直攀爬的"通往成功之梯"靠错了墙。你必须承担责任，主动决定你的价值，并优先考虑最重要的事情，也就是那些从长远来看真正重要的事情。"要事第一"是《高效能人士的七个习惯》中的第三个习惯；这一原则往往是在中年阶段最需要一以贯之的。它是关于行动和力量的原则。

渐强心态提倡这样一种理念：无论你处在哪个年龄阶段，即使你以前从未成功过，现在开始也不会太晚。虽然你可能会挣扎，觉得自己在中年阶段失败了，但你完全有能力做出改变。修复破裂的家庭关系，花更多的时间和你爱的人在一起，重新调整你的优先级事项，永远都不晚。

恢复重要的关系完全是你的选择和决定，即使你必须做一些损害控制，并在这之前为过去的行为或疏忽道歉。带着你的勇气和远见去完成这件事吧。这将是你做过的最好的决定之一，也是你永远不会后悔的决定。在你生命中最重要的角色和关系中取得成功，就是找到真正的成功和幸福。

正如联合国第二任秘书长达格·哈马舍尔德所言："把自己完全交给一个人，比为拯救大众而辛勤劳动更高尚。"一位高管可能非常投入，专注于其工作、教堂和社区项目，但却没有与自己的配偶建立深刻的、有意义的关系。和配偶维持这样的关系比为许多人持续奉献更需要高尚的品格、谦逊和耐心。

我们经常为忽视这一点而辩解，部分原因是我们从"大众"那里赢得了许多尊重和感激。然而，留出时间，把自己完全交给家人，这一点至关重要。尤其是孩子们，当你和他们单独在一起，当他们感到真正被理解和关心时，他们会更愿意打开自己。

我记得听过这样一个故事：有一年夏天，一位父亲带着家人去度假，其中包括参观一些重要的历史景点。夏天结束时，他问十几岁的儿子，他最喜欢什么。他的儿子给出的答案并不是他们参观过的某个重要地方，而是说："今年夏天我最喜欢的事情就是你和我躺在草坪上看星星、聊天的那个晚上！"

当这位父亲意识到做什么并不重要，重要的是做这件事时的感受时，他的思维模式发生了多么大的转变啊。他总是有能力在不用迈出家门的情况下，提供给他儿子一些非常有价值的东西。而且他一分钱都没花！

最重要的事情绝不能被最不重要的事情所支配。

——约翰·沃尔夫冈·冯·歌德

那么，这一切与"以渐强的心态生活"有什么关系呢？尤其是中年阶段往往被视作是一场斗争，有时甚至是一场战斗。在人生的这个阶段，很多人都觉得自己被拉向了太多不同的方向，但同时又必须兼顾那些优先事项。在事业上取得成功，获得世人眼中的"成功"，在某个特定的年龄或阶段完成所有的事情，这种压力是如此之大，以至于它耽误（或扭曲）了那些生活中真正重要的事情。要与屈服于"攀比"的世俗趋势作斗争，以获得"自我和个人"成功，是一场持续不断的斗争。

虽然个人或家庭需要许多重要的东西——舒适的家、受教育的机会、出行工具和娱乐消遣——但他们最需要的是时间、爱和关注。

努力在你最重要的角色上取得成功

每个家庭都有各自的独特处境，你可能在自己的家庭中扮演着许多不同的角色。你不仅仅是孩子的父母，你也是你父母的子女，你要照顾你年迈的可能有健康问题的父母。我认识一个单身女孩，她和她的母亲住在一起，她的母亲患有糖尿病和心脏病。这个女孩认真地扮演女儿和照顾者的角色，牺牲了很多个人时间，很少和朋友出去。她住在城外的姐姐每年会有几次来给她帮忙。但她知道自己陪伴母亲的时间所剩无几，所以她很满足于在自己家中照顾母亲的时光，这让她感受到了极大的幸福。

作为兄弟姐妹其中的一员，你可能偶尔迷失方向，需要一些鼓励、建议或帮助。也许你没有自己的孩子，但如果你是姑姑或者叔叔，你可以对你的侄女或侄子产生积极影响，比如向他们表达关心，去看他们的比赛、戏剧，或带他们去上音乐课或和他们一起参加学校的特殊项目。

我认识一个人，他勤奋地扮演着他作为弟弟的角色，一直支持他独自生活的单身姐姐珍妮。因为他们年迈的父母住在4小时车程之外，而且身体不好，所以他们没能过多参与女儿的生活。珍妮与她的其他兄弟姐妹疏远，经常不加思考地对他们说一些冷漠的话，有时还在经济上依赖他们。

然而，她的弟弟布莱克每周都主动打电话或发短信与珍妮保持联系，帮助她找工作，在她遇到健康问题时提供支持。布莱克的妻子也很支持她，她会让珍妮参加很多家庭活动，尤其是在节日和特殊活动中。因此，珍妮在家庭聚会上很自在，和孩子们的关系也很好。

最近，布莱克邀请她和家人一起去她最喜欢的餐厅吃生日晚餐，珍妮承认，如果不是布莱克为她准备了庆祝活动，她会一个人待在家里过生日。如果布莱克不重视自己作为弟弟的角色，不努力地参与到珍妮的生活中，她的生活会变得多么不同。

我一直相信并教导大家，在你的一生中，你所扮演的最重要的角色就是在你自己的家里，你会在家里找到最持久的幸福和满足。

作为一名医生、律师或商业领袖，你的职责很重要，但你首先是你自己。与配偶、孩子和朋友之间的人际关系是你所做的最重要的投资。在你生命的尽头，你永远不会因没再通过一次测试，没再赢得一次判决，没再达成一笔交易而懊悔。你会因没有陪伴你的配偶、朋友、孩子或父母而懊悔。身处这个社会，我们的成功不是取决于外界发生了什么，而是取决于你家里发生了什么。

——芭芭拉·布什

无论你扮演什么样的特定角色——家人、导师、可靠的朋友、工作和事业中的角色、社区中有贡献的成员、为有价值的事业提供服务——这些角色都是衡量成功的好标准。但成功是由你的价值观和你的应对方式决定的，而不是社会如何定义它或你如何与他人比较和衡量。当你努力在生活中最重要的角色上取得成功时，它将使你对成功的定义与你的价值观保持一致。

忠实于自己的价值观，才能展现你的正直。

在埃塞俄比亚的诊所里，"里克医生"没有灯箱来查看X射线，所以他临时把它们举到炽热的太阳下。这种方法奏效了，他能够为他每天见到的许多人进行诊断，而不需要他们支付任何费用。在埃塞俄比亚，每四万人只有一名医生，这是一个残酷的现实。里克医生的许多病人从偏远的村庄走了几百公里，有时坐在卡车后面，到他在亚的斯亚贝巴特蕾莎修女收容所的单间诊所看病。里克依靠他人的慷慨募捐和医生的无偿手术，对病人进行检查，做出诊断，然后创造性地为他们提供所需的药物、手术或特殊护理。他尽其所能帮助他的病人，因为他知道自己可能是他们生存的唯一希望。

里克·霍兹医生是长滩人，1984年饥荒期间，他第一次作为救援人员前往埃塞俄比亚。他立即被他亲眼所见的人道主义工作的巨大需求所吸引，当他发现特蕾莎修女收容所时，他不断返回帮助，并最终选择留下。2001年，作为一名单身中年男子，里克医生决定收养两名孤儿，这样他们就可以在他的保险计划下接受手术。他回忆说，当他思考并祈祷这件事时，"我想到的答案是，上帝给了你一个机会来帮助这些孩子。不要拒绝这个机会"。

里克医生是癌症、心脏病和脊柱疾病方面的专家。他安排美国医生为许多患有唇腭裂和其他面部畸形以及其他疾病的人提供免费手术。他高兴地与多达20个孩子分享他那简陋的家，这些孩子都与他生活在一起。他已经收养了五个孩子，这是埃塞俄比亚允许收养的最大数量。他简单地说："每当有半张床垫空出来的时候，我就会收留一个新人。"

当时任纽约大学医学院小儿神经科主任的欧文·菲什医生访问里克医生工作的收容所时，他被他完全无私的精神和解决棘手医疗问题的高超能力所震撼。菲什医生说："里克本来可以在美国做得很好，但他选择做一些更难的事情。我从未见过像他这样的人。他是一个敏锐的诊断师。在这儿只有他，他的听诊器，他的大脑和他的决心。"

当大多数美国人把热水和可靠的电力视为理所当然时，里克医生却没有享受这样舒适的生活。他为他所居住和服务的整个地区的健康做出了巨大贡献，他的工作启发了电影制片人、作家和新闻媒体。他的个人口头禅取自他最喜欢的《塔木德经》中的一段话，它让人了解到他的优先事项所在："拯救一个人的生命就像拯救整个世界。"在他的中年阶段，里克忠于自己的价值观，为贫困社区服务，并在这个最重要的角色上取得了巨大的成功。对他来说，生命绝对是一种使命，而不仅仅是一项事业。

掌控局面，行动起来

许多年前，我无意中看到了一句话，它改变了我的生活，并一直影响着我的思想。虽然我一直无法找到其出处或作者，但其思想核心是这样的：

刺激和反应之间有一个空间。在这个空间里，有我们选择反应的自由和力量。在这些选择中，有我们的成长和幸福。

处于中年阶段的渐强心态的第二个观点是很明确的。如果你正在与中年作斗争——困在陈规中，需要一种"变革性"行为，提升或重塑你自己、你的人际关系或你的事业，请学会掌控局面并采取行动，做出积极改变。

校长厄尼·尼克斯重达180千克，他走在学校走廊上都感到疲惫不堪。他的胆固醇水平是440，他的血压是220 / 110，他的医生告诉他，他可能会在五六年之内痛苦地死去。

"如果我要对他人做出积极贡献，如果我要把学校管理做到我希望它应该做到的样子，我作为领导者必须要改变，"厄尼承认，"180千克的体重没办法继续下去了。"厄尼决定对自己的健康负责，并最终通过改变当下生活来改变未来。他每天早上4点半起床，然后在早上5点到6点绕着跑道走，这是他繁忙的日程中唯一能让他的生活方式发生重大改变的时间。除了增加定期锻炼，他还加入了"体重观察"小组接受培训和支持，并彻底改变了自己的饮食习惯。他的妻子身材也不好，也跟着他加入了这种全新的健康生活方式中。

虽然这是一个非常缓慢的过程，而且需要极度自律，但最终颇有成效。厄尼在第一年减掉了78千克，这启发了校长助理、秘书、管理员、一些老师和辅导员，他们都以他为榜样，他们的体重也显著下降了。厄尼想成为一个好榜样，所以他给学生提供更健康的午餐，让他们的体育课更有竞争性和趣味性。他得到的最大回报之一是，一个很长时间没见他的学生突然停住脚步，满脸笑容，热情地喊道："尼克斯先生！"

在减掉68千克后，厄尼开始跑步，最终他跑了马拉松，甚至上了《跑步者世界》（*Runner's World*）杂志。两年后，厄尼总共减掉了100千克（他的妻子减掉了45千克），并且有更多的精力和热情来为他的学生和管理人员提供服务。他多年来第一次感到健康和快乐。

厄尼利用刺激和反应之间的"空间"来改变他的习惯，最终拯救了他的生命，并正面影响了他周围的人。用他的话说，"我选择迎难而上——这是一种选择"。

如果你在中年阶段感觉停滞不前，好消息是你可以做很多事情；你可以调整，你可以改变和进步。正如厄尼·尼克斯所学到的，你的行为视你的决定而定。你有能力重塑自己，这样才能在未来迎接你最好的生活。

在事业成功的过程中，偶尔会发生一些意想不到的事情，迫使你彻底改变方向。

史蒂夫，一位企业家，突然发现自己被他20年前创办的公司的合伙人逼走了。46岁时，他灰心丧气，没有工作，有着四口之家的他对自己的未来感到担忧。经过深思熟虑，他决定转行，并在47岁时开始上法学院，他是班上迄今为止年龄最大的学生。

在法学院待了几个月后，史蒂夫记得在一个寒冷的冬天，凌晨5点，他把车开进了学校空荡荡的停车场。四周一片漆黑，寒风刺骨，"我做了什么"的可怕念头像阴云一样笼罩着他。几年的学校生活就在眼前，以他这个年纪，他不禁感到自我怀疑和焦虑。他几乎被失败的想法击溃了，他与恐惧作斗争，重申了他的决心：不管前面的路有多坎坷，都要坚持到底。他决定带着勇气和乐观前进，只专注于展望新的未来。

史蒂夫一年到头都在努力学习，两年半后就毕业了，49岁时他成立了自己的律师事务所。几年之内，他的业务蒸蒸日上，在这份令人满意的新工作中，他取得了更多成就。

继续前进

虽然在中年阶段可能会出现意想不到的"停顿"（暂停），但不要灰心，不要放弃，也不要退缩。抱着这样的渐强心态，去谱写和演奏更多属于你自己的交响乐吧。虽然你不一定每次都可以选择你生活的行进方向，但你可以始终专注于你能控制的事情，乐观地展望未来，努力工作，坚持不懈，并相信你的情况最终会改善。利用刺激和反应之间的空间，退后一步，审视，重新设定，并明智地选择。

很多时候，人们在职业生涯中期对自己的工作感到不满，是因为他们没有跟上新的实践、方法、培训或技术。无聊或缺乏成就感并不是人们停滞不前或想要转行的唯一原因。通常，这是因为他们没有努力在自己选择的领域里与时俱进，无法胜任工作。

你可能需要重新塑造自己，回到学校，研究你所热爱的或爱好，与可以帮助你进行重大职业转变的人交往。为了不被淘汰，我们需要不断发展。

记住，当下不代表永远！一旦你度过了危机，你可能会发现一路所学到的知识才是人生旅途中最有价值的部分。

> 我所知道的最令人鼓舞的事实，莫过于人类能主动努力
> 以提升生命价值！
>
> ——亨利·戴维·梭罗

虽然我不认为这是"中年危机"，但在当时，我经历了我人生的这个阶段的挣扎。获得MBA学位后，我觉得我的热情和技能都在教学上，所以我没有进入我不感兴趣的家族酒店行业，而是接受了一所私立大学的教学职位。我喜欢教学生新的概念和想法，他们可以将此应用到个人生活和未来的职业生涯中。20多年来，我教过各种各样的商业和组织行为学课程。大约10年后，我完成了我的博士学位——这真正开阔了我在人类发展领域的视野。

在20世纪70年代和80年代初，我开始为美国各地的领导人和组织提供私人商业咨询。我喜欢把我在课堂上形成的原则理念，直接应用

到我受雇合作的诸多企业中。大约在这个时候，当我在组织行为系的同事提名我为正教授时，我感到非常荣幸和兴奋。然而，我所在系的系主任投了反对票，并导致委员会不授予我正教授的职位，因为我没有做足够的研究，也没有发表足够的论文来证明晋升的合理性。

这让我非常失望，因为我觉得我真正的热情和使命在于教学，而不是搞研究。虽然我在自己的领域不断地阅读和写作，并开始探索最终成为《高效能人士的七个习惯》的内容，但我对在本系的期刊上发表文章没有兴趣。我还一直承担着沉重的教学任务，每学期12—15个小时，而大多数教授的教学时间是6—9小时。然而，我知道，研究和出版是在大学里取得成功的关键，所以我不得不认真重新考虑我的选择。

我开始了更多的商业咨询，在帮助我的妻子桑德拉抚养一个年轻家庭的同时，要兼顾教学和旅行变得很困难。但是，将我的"以原则为中心的领导力"理念传授给企业高管，让他们将我的领导力思想直接应用到他们的员工和组织中，让我感到无比振奋。经过20年的教学工作，我感到工作有些停滞不前的时候，我知道我该做出改变了。

桑德拉和我为这个决定纠结了一段时间，但我们最终决定大胆一试，独自踏入商界。在51岁的时候离开体面稳定的工作是一个冒险的举动，但我知道我想创办自己的咨询公司。我们决定把我们的房子和小屋都抵押出去，开创一家新公司：史蒂芬·柯维公司（Stephen R. Covey & Associates）。桑德拉是我做出这一决定的共同伙伴，她完全相信我能成功，并提供了我所需要的一切支持，这让我们的生活发生了巨大的变化。虽然我们知道当时必须勒紧裤腰带，做出很多牺牲，因为家里还有要抚养的孩子，我们还要供另外几个孩子上大学。但我和桑德拉都觉得做出改变的时机恰到好处。

事实证明，这个决定是正确的。作为一名全职的商业顾问，我从不同的方面扩展了我的技能和能力，这是我以前从未经历过的。

在我花了10年时间整理出一本书的材料后，西蒙舒斯特出版社给了我这个不知名的作者一个机会，在1989年出版了《高效能人士的七个习惯》。从那时起，一切才真正开始变得不一样。这本书实现了我的一个梦想，那就是在全世界范围内就我认为每个文化和民族都该具备的核心原则进行演讲。

我内心一直认为自己是一名教师，尽管如果我没有离开大学，我永远不会有机会接触到这么多的人。我一直很感激我多年的教学生涯，它为我走出中年、进入咨询和写作生涯奠定了基础。

我在这里分享我自己的个人经历，因为找到热爱、天赋或人生目标并不总是那么容易，可能需要一些时间和相当大的努力来发现你擅长什么和想要做什么。

但重要的是，要控制住生活中停滞不前的东西，积极勇敢地采取行动，做出正向改变。就像渐强符号"<"一样，在这个中年阶段，你应该不断进步和发展，拓展你的边界和机会，并期待有新的事物要学习和完成——为你生活中下一个令人兴奋的时刻做好准备。

2 第二章
乐于服务

> 有很多人可以做大事。但是很少有人会做小事……在这个世界上，我们可能做不到伟大的事情，但我们可以带着伟大的爱做小事。
>
> ——特蕾莎修女

乐于服务他人是"以渐强的心态生活"的核心特征。无论处于人生的哪个阶段，服务他人的人都能跳出自己的圈子，帮助他人满足其需求。虽然平凡，看似不重要，但我们小小的善行可以为别人带来不可估量的价值。

做一些小小的服务就像播下一颗芥菜种子。芥菜的种子很小，你几乎看不见它，但当它被种植和生长时，它会成为巨大的草本植物。在有的地区，一颗芥菜种子最终会长成一棵巨大的树，大到鸟儿会飞到树枝上栖息。乐于服务的机会也是如此。只要你留意，机会就在你身边，许多小小的善行会带来巨大的能量。

表达感激

培养对每一件好事心存感激的习惯，并不断地感恩。因为所有的事情都有助于你的进步，你应该把所遇之事都归于你的感激之中。

——拉尔夫·沃尔多·爱默生

讽刺的是，当你开始觉得生活从你身边悄悄溜走时，你能做的最好的事情就是认识到并感激你所拥有的一切。以渐强的心态生活包括始终如一地表达感激之情——即使你觉得没有太多值得感激的事情。把你的心态从自怨自艾转变为对外感恩，这是一种疗愈，甚至是一种转型。

乐于服务始于我们跳出自己的圈子。一旦我们这样做，即使在面对中年挫折时，我们也可以看到我们可以感激的事情。而我们的感激之情，可以为我们正在经历的任何挣扎提供新的视角。

53岁时，约翰·克拉里克发现自己的生活陷入了可怕的低谷。他的小律师事务所濒临倒闭。他正在经历痛苦的第二次离婚。他和两个大一点的孩子渐行渐远，担心自己会和年幼的女儿失去联系。他住在一间小公寓里，冬天冻着，夏天烤着。他超重18千克。总的来说，他的人生梦想似乎永远无法实现。

前女友为感谢他的圣诞礼物，寄来了一张美丽、简单的便条，约翰受到启发，想到写感谢信可能会找到一种表达感激之情的方式。为了让自己坚持下去，他给自己定了一个目标——不管怎样，在新的一年里写365封感谢信。

一封接一封，一天又一天，他开始手写感谢信，感谢他从亲人和同事、过去的商业伙伴甚至反方律师、大学朋友、医生、店员、杂工和邻居那里收到的礼物或善意——只要是对他做了善事的人，无论善事大小，他都写了感谢信。

在他寄出第一封信后不久，约翰身上开始发生明显而令人惊讶的变化——从经济上的收入到真正的友谊，从减肥到内心的平静。就在约翰写信的时候，经济形势变差了，他办公室对面的银行倒闭了，但一封接一封的感谢信，让约翰的生活彻底改变了。神奇的是，当他向外界表达对那些祝福他生命的人的真诚感激时，他发现自己的内心被治愈了，可以再一次乐观地展望未来了。

在加州当了30年的律师后，约翰·克拉里克被任命为洛杉矶高等法院的法官，实现了他的梦想。就在他的人生处于低谷的两年后，约翰出版了一本名为《一个简单的感恩行为：学会表达感恩如何改变了我的生活》（*A Simple Act of Gratitude: How Learning to Say Thank You Changed My Life*）的书，讲述了他克服"中年危机"的故事。他通过真诚的手写字条，积极寻找理由向生活中的其他人表达感激之情，这些简单的信息鼓舞了无数人，他们成为他的行动的受益者。虽然说谢谢是我们小时候就学会的，但实际上，在这个数字时代，写一张简短的便条是一种不常见但极其珍贵的做法。这是渐强心态的思维方式；当你的注意力从自己转移到别人身上时，你的生活和影响力就会扩大，就像约翰发现的那样，你的好福气还在前方等着你。

特蕾莎修女一生都在为他人服务，她深知感恩的重要性：

一天，一个乞丐走过来对我说："特蕾莎修女，每个人都给你一些东西来帮助穷人。我也想给你点东西。但是今天，我只得到10便士。我想把它给你。"

我对自己说："如果我接受了，他可能会不吃东西就上床睡觉。如果我不接受，我就会伤害他。"

所以我接受了。他笑了，我从未见过任何一个给钱或给食物的人脸上洋溢着如此欢欣的喜悦。他很高兴自己也能有所贡献。

这份来自穷人的看似很小的心意，可能给穷人自己带来的幸福要远甚于这份心意的接受者。他的感恩之心是显而易见的。他体验到了真正的快乐，因为他能帮助比他更不幸的人。他对他所拥有的一切充满感激。同样地，如果你能找到方法对你所拥有的东西表达感激，即使你正陷入中年危机中，我保证你会发现你拥有着未曾想过的快乐，并会获得如何改善当下境况的新见解。

回　馈

一个好人一生中最美好的部分，就是他那些小小的、不知名的、不被人记住的善良和爱的行为。

——威廉·华兹华斯

如果你在中年阶段苦苦挣扎，等待着好事的发生，暂时忘记你自己和遇到的问题，去帮助别人吧。当你帮助别人或鼓励他们时，即使是很小的一件事，也能减轻他们的负担，并以让自己开心的方式振奋他们的精神。

一对夫妇组织了一个小组来打扫他们邻居家的房子和院子，他们的邻居不堪重负，需要生活里的一点希望。当邻居不在的时候，他们努力工作了几个小时，使她的家和院子看起来更干净、更明亮。当邻居回家后，她非常惊讶和感激，并在社交媒体上发布了这条感人的信息：

> 无论你是谁，我衷心感谢今天来我家做客的"清洁仙女"。我的冰箱很重，肯定不止一个人参与了打扫！言语无法表达我的感激和祝福，感谢在我的生命中遇到你们这样的朋友。今晚当我走进家门时，我哭了。我被我感受到的爱幸福地淹没了。你们真的了解贡献的意义，我无法表达我是多么感激你们！！！你们减轻了我的负担，我从心底感谢你们！

除善意的接受方发生了积极改变之外，善意的给予方也获得了正面的能量。有时如果我们环顾四周，会发现别人的处境比我们自己的更艰难。虽然我们不知道这对年轻夫妇面临着怎样的个人挑战，但减轻邻居负担的最终结果一定会给他们自己的生活带来欢乐。这是金钱买不到的。给予他人而不期待得到回报的行为本身就是一种回报。

当你在艰难的挑战中挣扎时，想象一下当你向有类似经历的人伸出援助之手时的感觉。"渐强心态"的一部分实际上是相信"你最重要的成就仍在前方",所以在别人需要帮助的时候,特别是如果你自己也得到了帮助,请积极地对他人伸出援助之手。

豪尔赫·菲耶罗在墨西哥奇瓦瓦州长大,一直梦想着来美国创业。几年后,当他终于来到美国时,他孤身一人,身无分文,一句英语也不会说。他的第一份工作是在得克萨斯州的埃尔帕索挖沟,每小时一美元。之后,他在怀俄明州当了一名牧羊人。但他知道,除非他学会英语,否则他就无法实现自己设定的高远目标,他决心努力工作,不惜一切代价,终有一天要实现他自己的美国梦。

豪尔赫从其他移民那里听说,如果他能到盐湖城,他可以从各种当地项目中学习英语。于是他独自一人去了犹他州。刚来的时候,他一个人也不认识,很快就成了无家可归者中的一员。但他很快发现,他所在的社区都是心地善良的人。不知怎的,总有人会跟他分享食物。豪尔赫在救援工作团待了几个月,开始学习英语,同时靠一份洗碗的最低工资收入来养活自己。

有一天,他真的很想家,想吃一道用豆子和米饭做的经典墨西哥菜,但他对市面上卖的不太满意。他想起了母亲制作斑豆的美味食谱,于是决定做一些到市中心的农贸市场去卖。当人们尝试了他称之为"De La Olla"的正宗斑豆时,他受到了鼓舞,并不断为几位回头客制作更多的斑豆。他很快就成了市场上的常客。豪尔赫也开始制作他自己正宗的墨西哥卷饼,并出售这些卷饼和其他受欢迎的墨西哥菜。

豪尔赫非常渴望分享他家乡美食的多样化，成为家乡美食文化推广大使。渐渐地，他的生意从斑豆和墨西哥卷饼，扩展到玉米饼、米饭、莎莎酱、鳄梨酱，最终扩展到超过75种产品。

如今，这些产品在Rico品牌下，每周被送到他所在社区的近100家超市、咖啡店和餐馆。多年来，Rico品牌蓬勃发展，成为一个价值数百万美元的公司。

一些朋友想跟豪尔赫一起参与"卷饼计划"（The Burrito Project），这是一项全国性的运动，没有任何政治或宗教背景，旨在为世界各地城市里饥饿和无家可归的人提供食物。豪尔赫现在已经步入中年，他很想为他人做点什么，因为他认为服务是他最重要的工作之一。作为一个经历过无家可归的人，他曾做出一个个人承诺，有一天他会回报他人。"把爱传递下去"成了豪尔赫的口头语，他对这个鼓舞人心的想法如此投入，以至于把这句口头语文在了胳膊上显眼的位置。有了帮助无家可归者的绝佳机会，豪尔赫发起了"卷饼计划"。

2012年4月至12月期间，"卷饼计划"的志愿者们在Rico品牌的配送仓库里每周制作并分发600至1000个米豆卷饼。在豪尔赫的指导下，现场还准备了新鲜的玉米饼、大米和豆类。然后，志愿者们聚在一起用锡纸卷饼，然后把它们放在冷藏箱或袋子里。其他志愿者通过驾车、步行或骑行配送，每天多达500份。

自2012年以来，数百名志愿者献出了自己的时间和服务，使这个独特的人道主义项目取得了巨大的成功，"卷饼计划"信守自己的使命，"致力于一次吃一个卷饼结束饥饿"。自2017年以来，"卷饼计划"

已经在盐湖城每周四天（周一到周四）生产和交付了900到1400个"有温度又营养"的卷饼，比北美其他30个运营"卷饼计划"的城市的次数都要多。

豪尔赫这样解释他的动机："我们常常没有意识到自己有多幸运。我渴望成为一个成功的美国人，并感谢那些帮助我取得成功的人。""卷饼计划"是一个独特的人道主义项目，因为任何人都可以参与并做出改变——你不需要很富有才能提供帮助，你只需要贡献你的时间。豪尔赫相信这个项目已经影响了无家可归的人群，因为"比其他任何事情都重要的是……除了提供食物，我们还想让他们知道我们关心他们"。

这项计划让豪尔赫和一起参与帮助的人感到幸福，因为他们关注的是他人的需求，而不是自己的问题。"以渐强的心态生活"可以转化为看到别人的需求，将爱传递下去，时刻懂得回馈他人。这些都是帮助你战胜"中年挣扎"的方法。当你向别人伸出援助之手的时候，你也会找到克服自己困难的方法。

> 我们永远无法用感激来回报他人，只能在生活的其他方面以善意回馈。
>
> ——安妮·莫罗·林德伯格

布莱恩·勒斯塔吉进入教师行业，是因为他想唤醒学生对科学的热情，这也是他热爱的学科。他喜欢构思尽可能多的动手实验来激发他八年级学生的兴趣。他知道,如果他们能够熟练掌握事物运作的原理,就会把科学转化为实践的乐趣。

他这样解释他的理念:"作为一名初中教师,我觉得我的工作是带动学生融入我的课堂。我需要赢得他们对我学科的认可,使其更有趣……我会一直注意观察孩子们的投入度,努力带着热情教学。"

每年,他都"浪漫"地让学生制作自己的"火箭",在学校后面的草坪上发射,测量它们的距离,并讨论为什么有些"火箭"的推进力比其他的大。这是一年中的课程亮点,学生们为赢得奖励,竞相设计制作出射程最远的"火箭"。他们也会在课堂上,通过正确混合一些化学物质(在安全监督的情况下)做一些小型"爆炸"实验。勒斯塔吉先生是一位受欢迎的教师,因为他对学生表现出真正的关爱,会记住每一个人的名字,并以愉快而有趣的方式分享他对科学的热爱。

然而,经过多年的教学,在他的中年阶段,他开始质疑自己是否真的成功地改变了他们对科学的看法,以及科学是否影响了他们的未来。他发现很难看到既定目标的真正结果,也没有收到很多积极反馈,他变得灰心丧气,开始忘记从事教学工作的初心。

幸运的是,大约在同一时间,他出人意料地获得了一项在他所在学区享有声望的教学奖的提名,为他提名投票的是一群他不认识的家长,他们了解他对学生的付出。许多他以前的学生都谈及了他对他们在大学选择科学相关专业的直接影响。

在他获奖后,勒斯塔吉的妻子写了一张字条,感谢那些参与投票的人:

我非常感谢您提名我丈夫获得这个教学奖。有人会花时间和精力去做这件事，对我们来说意义非同一般。他这么多年来一直很努力，但坦率地说，这是一份让人精疲力竭的工作，因为没有得到过太多信任或尊重。但这个提名来得正是时候，因为他最近对自己的工作感到灰心丧气，甚至考虑从事其他工作。这个奖让他看到，他的教学努力实际上改变了许多他教过的学生的生活，他感觉自己又重新获得了力量！他一直希望其他人能因为他在科学教学中的奉献和热情而受到鼓舞，现在他看到了这一切正在发生。向所有参与投票的人表达我们真诚的感谢。

在接下来的几年里，勒斯塔吉以前教过的学生会突然出现在他的课堂上，感谢他当年对他们的鼓励和影响，这也一直激励着他坚持下去。

10年前，有一名学生上过勒斯塔吉的课，后来这名学生选了机械工程专业，毕业后在该领域找到了工作。她特地回来告诉勒斯塔吉，他的教学对她的生活产生了影响。"我想让您知道，"她说，"是您点燃了我在大学和之后事业的火花，您当初播下的种子成长了……它带来了改变。您出色的教学，给我的人生带来了积极的影响。"尽管勒斯塔吉从事教学工作已有27年，可当他听到这些话的时候依旧很感动。

如前所述，在中年阶段，许多人根本没有意识到他们在实际生活中对别人的影响力，因为他们可能没有马上看到直接成果，或者得不到反映他们积极影响的必要反馈。许多人倾向于拿自己和别人作比较来衡量自己的成功，但真正的成功并不总是像它看起来那样。真正的成功可能需要一个人承认他人的积极影响并给予回报。这样一来，一个成功的果实孕育了下一个成功的果实，并会一直持续下去，一路向善。

为他人提供服务的方式多种多样。记住，在中年阶段"以渐强的心态生活"的第一个原则是努力扮演好你最重要的角色。通常情况下，提供帮助的人没有意识到他们在别人生活中所产生的积极影响，而这些影响最终会反映他们自己"真正的成功"。以下例子就是关于平凡人在中年阶段为他人服务的不平凡之事。

一位女士讲述了这样一个故事："我的母亲在一家杂货店被一位老先生拦住，这位老先生认识她的母亲克莱奥·史密斯，他想分享她对他生活的影响。他说，他和他的兄弟是由一个常年酗酒的父亲抚养长大的，他们的童年非常艰难、不幸。他们的母亲在他很小的时候就离开了，他对她没有任何记忆。他们住在城外一所破旧的房子里，很少有人来访。但是每年他生日的时候，他都会听到敲门声，当他打开门的时候，史密斯拿着生日蛋糕就站在那里！她是唯一一个在他成长过程中给他做过生日蛋糕的人，也是唯一一个让他觉得自己很特别、有人疼爱的人。她是他艰难世界中的一束光。多年以后，当他回忆起童年的点滴，这件事改变了他很多，让他最终为自己和家人重新创造了一个更美好幸福的生活。"

萝宾是一位富有爱心、积极主动的家长教师协会主席，她的孩子们就读的高中有来自30个不同国家的100多名难民，她看到这些学生中的许多人因为饥饿而在课后辅导时无法集中注意力。在获得相关许可后，她清理了食堂的一间旧储藏室，要求家长捐赠一些即食食品，很快，学生们就可以在放学后吃到营养小吃了。当一个学生问她是否可以带点东西回家给他的兄弟姐妹吃时，她有点意外，这促使萝宾把有限的零食屋打造成了一个完整的食品储藏室。社区响应了她对罐装食品和用品的要求，很快志愿者和捐赠者开始参与进来，帮助搭建食品储藏室，并向有需要的学生分发食物。

此后，它已发展成为一个大型高效的食品储藏室，每周分发数百种罐头、卫生用品、杂货店剩余的面包和烘焙食品，以及新鲜的蔬果，因为这些东西总是需求量很大。萝宾的小零食屋现在是一个高效运作的社区食品储藏室，目前他们每周为一百多个难民家庭提供一到两次服务。就像芥菜籽一样，这个项目开始时很小，现在已经发展成一个大型的、急需的服务项目。

> 以爱之名提供的服务都存有不朽的诗意。
>
> ——哈里特·比彻·斯托

为他人提供其所需的服务的途径有很多。一位妇女自愿带着自己的孩子，为"车轮上的食物"项目送餐。她希望孩子们能为他人提供帮助，帮助那些可爱却有时会被遗忘的老人，他们在晚年需要帮助，渴望友谊。一位忙碌的律师在周末志愿帮助无家可归者解决他们的法律问题，让他们接触到所需的资源和更多的就业机会，进而改善生活。

还有人经营着一辆移动淋浴和理发车，免费为任何需要改善卫生条件的人服务，从而提升他们的信心和获得工作的能力。

迈克有一次跟他母亲说，他的新朋友小贾从来不带午餐去学校，有时只买一包薯片。后来迈克的母亲发现小贾自幼缺失母爱，他的父亲竭尽全力，一边抚养三个年幼的男孩，一边做两份工作。小贾和迈克一起在篮球队打球，所以她知道他们放学后训练的时候，小贾什么饭也没有带。所以从那以后，她每天给孩子们做午饭的时候，都会多做一份让迈克带去给小贾。当她知道小贾会像自己的孩子迈克一样享受这份营养午餐时，她从不觉得多做一份饭麻烦。

在整个初中和高中期间，她一直为小贾做午餐，两个男孩在一起打球，一直是好朋友。有一次有人问小贾他的家庭情况，他骄傲地说："哦，我有一个关心我的妈妈。"她的关爱虽然看似微小，但却在他们之间建立了牢固的爱的纽带，这给她带来了很多快乐，她也见证了他多年来的进步。

> 如果你不能养活一百个人，那就只养活一个人。
>
> ——特蕾莎修女

帮助他人可能并不总是一件容易、方便或愉快的事情，但却是必要的。在中年阶段，拥有服务心态可以建立自尊、感恩，并丰富你和你所服务的人的生活。儿童保护基金的创始人和主席玛丽安·赖特·爱德曼提出了这一精辟的观点："服务是你为'生而为人'而支付的租金。它是生命的根本目的，而不是你在业余时间要做的事情。"

这是多么有力的观点——服务是生命的根本目的。就像那些"以大爱做小事"的人的例子一样，你也有力量和能力去提供服务，你将在这个过程中造福他人和自己。

> 我睡去，梦见生活就是快乐。我醒来，发现生活围绕服务。我身体力行后领悟到，原来服务就是快乐。
>
> ——拉宾德拉纳特·泰戈尔

这些年来，我问过很多人，谁对他们而言是最具影响力的榜样或导师，几乎每个人都能马上说出一个人的名字——老师、亲戚、朋友、领导，这些人对他们的生活产生了重大影响。努力成为一名导师，尤其是在你的中年时期，这是一种影响他人的独特方式。当你试图提升别人，帮助他们发掘他们的潜力时，你可能不经意间也发现了自己的潜力。让我们看看另一个"真正成功"的例子。

只有他的家人和亲密的朋友知道这一点，但迈克·克拉皮尔在养育自己的家庭的同时，也一路指导了近2000名年轻人。多年来，迈克会在空闲时间无偿地帮助孩子们，提高他们的摔跤技巧，帮他们建立信心，以便他们能在初高中和在社团中变得有竞争力。他鼓励他们的进步，让他们对自己的未来抱有积极的愿景，即使是很小的成功，他也会像对待自己孩子那样给他们庆祝。

他和他的妻子琳达还把其中一些孩子带到他们的家中，给予他们在自己家中所缺乏的爱与关注。其中一些男孩来自他们不受重视的家庭，甚至会被他们的父母完全忽视。他们渴望从克拉皮尔夫妇那里得到爱和关注。尽管迈克和琳达有六个孩子要抚养，但琳达总能让这些男孩感到宾至如归，并经常邀请他们来吃家常菜，或一起庆祝节日或特殊的纪念日。

虽然迈克和琳达并不富裕，但他们分享了他们所拥有的一切，并且在看到他人的需要时非常慷慨，也不在意自己的经济状况如何。在没有得到任何认可，甚至没有被要求的情况下，他们在孩子们需要的时候购买衣服和体育器材，并且多年来定期为几个男孩提供食物。克拉皮尔夫妇成为许多人的"再生父母"，赢得了这些孩子的爱和感激。

在摔跤比赛中，迈克教过的一个男孩的父亲，跟迈克充满遗憾地说道："你在摔跤比赛中帮助我儿子的时间比我作为他父亲帮他的时间还要多。"得益于迈克和琳达的努力付出，这些孩子已经成长为杰出的年轻人，更好地走向世界，过上了有意义的生活。多年后，他们获得了大学学位，结婚并组建了自己的家庭，现在都从事着成功的职业，这让克拉皮尔夫妇非常满意，他们为其成长过程做出了巨大贡献。

几年前，在儿子的一次摔跤比赛中，迈克遇到了刘易斯，一位充满学识与智慧的退休教师，曾为麻省理工学院工程教授。当他们一起观赛时，迈克发现刘易斯已经72岁了，离了婚，而且很孤独，没有家人陪伴。克拉皮尔一家立即决定帮助他，邀请他一起度过了许多周末、节假日和生日庆祝活动。刘易斯受到克拉皮尔家的成年子女、他们的配偶和孙辈的爱戴和赞赏，他们很喜欢他的陪伴，把他当成"爷爷"一样。作为报答，刘易斯又辅导克拉皮尔家的小男孩们学习数学和科学，以自己的人生经历指导他们。

在享受了整整20年作为克拉皮尔家族重要成员的生活后，刘易斯在92岁时去世了，他在克拉皮尔家族中感受到了爱和重视。他经历了一段如此快乐的时光，如果他不曾被接纳，他永远不会感受到这样的爱和重视。

这算真正的成功吗？当然！渐强心态提醒我们，真正的成功可能不是表面看上去的那样，也不是别人眼中的那样。克拉皮尔家族享有世界上所有金钱都买不到的那种丰富的家庭文化。除了他们自己抚养的六个孩子之外，其他许多人的生活也得到了丰富，迈克和琳达在作为鼓舞人心的导师方面，的确成功了。最有可能的是，一些看起来"成功"的人也会抓住机会，如果可能的话，积极加入进来。

你最重要的工作仍在前方

乡村音乐明星加斯·布鲁克斯在其职业生涯的巅峰时期，于2000年10月突然宣布退休，震惊了整个音乐界。当时，他已经四次获得乡村音乐奖的年度最佳艺人奖。1997年，他在纽约中央公园为HBO现场音乐会特别节目演出，现场估计有100万观众。那时的他，专辑销量达到了惊人的1亿张。

尽管事业上很成功，他却面临着个人的挑战。他的母亲科琳一直是他的后盾，但最近却因癌症离世，而他与妻子桑迪的婚姻也即将结束。然而，他最心痛的是，他觉得自己与三个年幼的女儿失去了联系。他遗憾地说："别人在抚养她们。"他认识到，他仍然有"重要的工作要做"——抚养他年幼的女儿。他需要专注于他最重要的角色——作为父亲的角色。"一切都在告诉我，我需要陪伴我的孩子……人们问我，'你怎么能离开音乐？'但作为一个父亲，再没有其他角色比这个更重要了。"

因此，在他38岁——刚刚步入中年的黄金时期，他勇敢地追随自己的内心和作为父亲的本能，离开了蓬勃发展的音乐事业，开始了另一项事业——抚养孩子……接下来的14年一如既往。

他从不后悔。他和前妻一起合作是为了让三个年幼的女儿每天都能和父母在一起。他成了一位亲力亲为的父亲，他和家人花了一个夏天的时间，完成了在房子边修建一座15米高的桥的项目。在他们一起完成这项重大的任务后，他的女儿们为他们的工作感到自豪，她们相信自己可以做任何事情，他对此也感到非常满意，因为他知道自己可以全身心陪伴她们。

2005年，他与音乐明星特丽莎·耶尔伍德结婚，他称她为"我一生的挚爱"。当他最小的女儿终于离开家去上大学时，布鲁克斯决定回归音乐。试图重返乡村音乐和巡演是一种相当大胆的尝试。"我怕没人来，怕得要死。因为你不想让人们失望……我希望他说，'这比我记忆中的要好。'"

尽管他很担心，"加斯·布鲁克斯与特丽莎·耶尔伍德的世界巡演"还是在芝加哥拉开了序幕，三小时内卖出了14万张门票。歌迷们像从未离开过一样蜂拥而至，2014年至2017年的世界巡回演唱会也取得了成功。他在2016年和2017年以及2019年均获得了年度最佳艺人奖，这是前所未有的成绩。

随着岁月的流逝，布鲁克斯不断地拓宽和发展他的才能和机会，而不是让它们减少和消逝。2020年3月，布鲁克斯和特丽莎意识到了身边的需求，在家中录音棚赞助了一场黄金时段的音乐特别演出，让粉丝们摆脱了新冠疫情隔离压力，并传递了一个重要信息，即我们可以一起渡过难关。"我们可以看到，当我们所有人团结起来时，事情会变得如此不同。除了特别节目，我们和哥伦比亚广播公司（CBS）将向慈善机构捐赠100万美元，用以抗击新冠病毒。"他们在一份联合声明中说。

在为2019年巡演排练时，在《加斯·布鲁克斯的传记特辑——我走的路》中，加斯向他的音乐工作人员讲述了向前看而不是向后看的渐强心态：

我喜欢我们创造的历史，但历史已经过去了。这将是我们经历过的最艰难的巡演。永远不要认为我们所做的已经足够好。如果你认为人生中在音乐上挑战自己的艰难时刻已经过去，那你还需要认真思考一下。

就像相信"你最重要的工作仍在前方"，努力在你最重要的角色上取得成功，改变你生活中需要改进的，你会收获不断尝试、学习、适应新的挑战和挫折的动力。积极的信念和回应将使你的生命之舵重新回归到你自己手中，并使你在任何年龄段，不管是中年还是其他年龄段，都能绘制出自己的精彩路线。

2

第二部分

站在成功的顶峰

成功……就是让这个世界变得更好一点，让一个生命因
为你的存在而呼吸得更轻松一点。

——拉尔夫·沃尔多·爱默生

想象一下，你开车的时候，不是注视前方，而是不断地看后视镜和身后被遗留下的事物。用不了多久，你就会掉进沟里。我们必须避免不断从后视镜中回顾我们在事业和生活中所取得的成就，相反，我们应该乐观地展望未来。

正如我们目前所了解到的，渐强心态具有如此强大的力量，它可以推动一个人挺过中年危机重返成功之路。但这不仅仅是为那些挣扎和需要重新调整的人准备的。渐强心态也可以为那些相信自己已经站在成功顶峰上的人带来能量。

正如我们经历了中年阶段的起落，成功的顶峰也有其自身的挑战。当你和你的家人经历了一定程度上的成功时，便很容易放松，不想走出舒适区，也不觉得有什么责任或义务去完成。但最好的成就仍在你的前方！

"以渐强的心态生活"的关键是笃信"你最重要的工作仍在前方"。无论你目前在做什么，它都是你最重要的工作，是你现在必须为之付出的工作，因为你在过去所完成的已经过去。有远见的人会着眼于他们明天可以完成的事情。

为什么这一点如此重要？如果你认为你没有别的贡献——如果你所有最重要的贡献都已经完成了，那么你早上起床的动力和愿景是什么？你的目的是什么？当你每天早上起床时，你应该有目的、愿景和需要完成的目标。

就这一点而言，我的一个女儿曾经问我，我是否还会写类似《高效能人士的七个习惯》的书。她的问题，虽然不是有意为之，但却"冒犯"了我。难道我所有的好点子和理念都包含在"7个习惯"中吗？我没有别的贡献吗？我是"一劳永逸"吗？如果我没有任何有价值的想法可以输出，那么我每天都在做什么？我告诉她，我最好的成就还在后面，我还有几本书要构思。

现在，我说这些并不是为了抬高自己，但我为什么不能这样想呢？大家为什么不能也去这样想呢？我一直相信，无论我处于人生的哪个阶段，我最好的成就仍在前方，等待着我去发现和传授。保持这种态度——渐强心态——是一生激情、梦想、兴奋和使命的关键。这就是你和我每天应该起床的动力。

彼得·杰克逊工作了14年，才把J.R.R.托尔金的《指环王》系列搬上银幕。在获得惊人的成功和无数的奥斯卡奖后，他被问到这是否是他最伟大的作品和人生遗产。他的回答恰恰反映了我们所有人的感受："如果我说'是'，那就是假设我不会再取得进步了。也许是这样，但我现在不打算承认这一点——我还有更多的作品要创作。"

他的确做到了。杰克逊继续执导了《霍比特人》三部曲、《金刚》、《可爱的骨头》和《他们已不再变老》，此外还有许多作品仍在他的制作计划中。想象一下如果他相信《指环王》就是他的全部成就，他会怎样呢？在经历了事业上巨大的经济成功后，杰克逊也在很大程度上做出了个人回馈。他和他的妻子弗兰已经为干细胞研究贡献了50万美元，希望其他人也能从中受益。他们还拯救了社区里一座历史悠久、深受人们喜爱的教堂，使其免于被拆除。他们捐赠了100多万美元，用于整修新西兰惠灵顿的圣凯瑞斯托弗教堂。显然，在取得事业上的巨大成功后，彼得·杰克逊继续通过他的慈善捐赠在生活的其他领域做出重大贡献。

"以渐强的心态生活"是一个非常有力量的想法，正如之前所说，我已经把它作为我自己的个人使命宣言。当我在专业工作中分享这一原则时，我对它的积极反应和情感联系与我以前所教的任何事情一样强烈。我看到它点燃了那些认为自己无能为力、已经完成了一生工作的人，并赋予他们力量。我在一些人的眼中看到了光，他们在自己的职业中找到了新的生活和激情，又或是在一些伟大的社会事业中，他们因为受到渐强心态的鼓舞而去积极推动自己的工作。对许多人来说，它给了他们希望，让他们相信，不管过去取得了什么成就，他们最重要、最伟大的工作可能仍在前方。

> 欲变世界，先变自身。
>
> ——甘地

在本书确定的四个人生阶段中，我的目标是提供实用的要点，这些要点可以直接应用到你的个人生活中，无论你处于什么样的年龄段。在这部分的最后是一份个人清单，希望它能帮助你设定与"成功的顶峰"相关的个人目标。

3

第三章

人比物更重要

重要的不是我们在生活中拥有的事物，而是我们在生活中拥有的人。

——J. M. 劳伦斯

1999年冬天，承包商奇普·史密斯受雇在蒙大拿州为我们家建造一间小屋。奇普分享了他的故事：

当我在为史蒂芬和桑德拉建造小屋的时候，我正在经历一场令人痛苦的离婚，我的生活发生了翻天覆地的变化。关于这个搭建项目，有一些时间敏感和关键的问题需要解决，他们同意开车560多公里来见我，吃完晚饭后在酒店休息两小时，然后在第二天早上5点开车回家，因为他们回来后，史蒂芬必须马上赶航班出差。我知道我们在一起的时间会很短，但因为项目在我看来很重要，所以我准备了一份议程，准备了一场高效会议所需的所有计划和材料。我们互相问候，然后坐下来谈正事。

我们点了餐，桑德拉说话了："奇普，史蒂芬和我都理解你当下正经历着个人生活中的困难时期。"我感谢桑德拉的关心，并试图转移话题，以便继续谈论有关他们小屋的细节。

桑德拉又打断了我，问她和史蒂芬是否有什么可以帮我的。我向她表达了感谢，说我当下还可以，只是需要缓缓，然后再应对这些困境。

桑德拉拉着我的手说："奇普，我们一直在。你要知道，对我们来说，你现在所经历的一切比搭建小屋要重要得多。"

嗯，不用说，我哭了，接下来的三个小时，我们谈论我的问题和担忧。他们在结冰的路上走了很远，而我们在他们回去之前没有解决有关小屋的任何问题，这让我感到非常不好意思。对我来说，这一天很特别，因为我意识到他们真的关心我，而且对他们来说，我的事情比建造小屋更重要。

过了一段时间，奇普恢复了他的生活，重新为我们家建造了一间漂亮的小屋。几年后，父亲去世了，我们一家回到小屋，发现屋里会飞进来蝙蝠。我还沉浸在葬礼的情绪中，不知道该怎么办，因为这些事情平日里都是父亲打理的，于是我打电话给奇普，向他解释了当时的情况。奇普毫不犹豫地赶来了，带了一大群人，一整天都在解决这个问题，甚至在没有被要求的情况下打扫了车库，而且拒绝任何酬谢。他坚持说这是他报答我父母在他人生最黑暗的时候陪伴在他身边的机会。

——辛西娅·柯维·哈勒

在人际关系中，人远比物重要。不断更新你对这一原则的基本承诺至关重要，它将把你与生活中最重要的人联系在一起。差异没有被忽视，只是被放在了次要地位。问题或他人的观点从来没有人与人之间的情感重要。你会感激自己愿意花时间跟家人和朋友建立和增进感情，而没有把时间花在物质上。

> 一个懂得表达和接受善意的人，会比任何财产都更珍贵。
>
> —— 索福克勒斯

生活是贡献，不是积累

> 我不知道你的命运会是什么，但我知道一件事，你们当中唯一真正幸福的人是那些寻求并找到贡献方式的人。
>
> —— 阿尔贝特·施韦泽

这个故事讲的是两个朋友参加一个富人的葬礼。一个人转向另一个人，小声说："你知道他留下多少钱吗？"另一个人一本正经地回答说："我当然知道。他把这一切都丢下了！"

在我多年来的演讲中，我经常提到，没有人会在临终前希望自己花更多时间在办公室。但他们确实后悔与孩子疏远，有无谓的怨恨，错过了帮助他人的机会，还有未完成的梦想，没能和家人花更多时间享受生活。当我去参加一位亲密朋友或家人的葬礼，走近棺材时，有时会觉得这是一个提醒，有时甚至是一种意外：里面躺着的只是逝者的遗体，他们留下了他们生前所做的好事，他们与家人和朋友的珍贵关系——那些他们爱的人和那些爱他们的人。这是他们的遗产。

多年来，我已经认识到，只有贡献才能给眼睛带来光芒，让灵魂变得有意义。在你的一生中，你可以通过无数种方式为他人的生活做出贡献，通过这样做，你会体验到满足感和幸福感，而这是金钱买不到的。对于那些在生活中取得了一定程度的经济成功或影响力的人来说，给予和贡献的机会更大。我深信幸福的秘诀在于贡献，而不是积累。

亚历山大·索尔仁尼琴在二战后直言不讳地批评苏联，并被关在俄罗斯强制劳改营多年。这些艰难的经历让他对财富和贡献有了独特的看法。他写道："无休止的财富积累不会带来满足。财产必须服从于其他更高的原则，所以它们必须有精神上的辩护，一种使命。"显然，如果我们对财产没有一个正确的认识，它们可能会支配我们每个人。这一部分教导我们，以渐强的心态生活，并向外看——努力做出贡献——会给你一种内在的平和与安全感，这是身外之物所不能比拟的。

特蕾莎修女曾对一百多个国家的人们发表演讲说，财富的目的就是用财富造福他人：

> 我认为一个依附于财富的人，生活在对财富的担忧中，实际上是非常贫穷的。如果这个人把他的钱用于服务他人，那么他很富有，非常富有……很多人，特别是在西方，认为有钱能让人快乐……如果上帝给了你这份财富，那么就用它来帮助别人，帮助

穷人，创造就业机会，为他人提供工作。不要浪费你的财富。

显然，特蕾莎修女认为金钱本身并不是问题所在。事实上，它可能是缓解世界上很多棘手问题的一种解决方案。但我发现，如果你不用你的财富去造福他人，只专注于积累财富，并不会给你的生活带来持久的快乐和满足。这些贡献将是比金钱本身更值得你去珍视的事情。

想想奥地利的室内家具企业家卡尔·拉贝德的故事。按世俗标准来说，他出身卑微，但之后变得格外成功。"我来自一个非常贫穷的家庭，所受教育给我的理念一直是多工作来获得更多物质上的东西，我多年来一直这样做，"拉贝德说，"但财富不能创造幸福。我知道这一点，因为我这样生活了25年，变得越来越富有，却感觉越来越糟糕。"

拉贝德热爱滑翔机，多次前往南美洲和非洲，亲眼看到了这些国家的极度贫困。这对他的生活产生了巨大的影响。在体验过奢侈的生活后，他终于承认他内心深处是痛苦的，像奴隶一样为他不想要甚至不需要的事情工作。多年来，他的生活被他形容为"可怕、没有灵魂、单调"，他终于听到了内心的声音："停止你现在所做的一切，停止所有奢侈和消费主义，开始过你真正的生活！"

他勇敢地遵循内心的声音，卖掉了他俯瞰阿尔卑斯山的140万英镑的豪华别墅、价值61.3万英镑的漂亮石头农舍、售价35万英镑的6架滑翔机，以及价值约4.4万英镑的奥迪车。他说，他搬出了他美丽的高山隐居地，住进了山上的一间小木屋，开始过着简单而快乐的生活，这是这么长时间以来他第一次这样做。

在卖掉自己的财产后，他投资了300万英镑给一家小额信贷慈善机构，为中美洲和拉丁美洲那些每天都在努力维持自己小企业生存的个体经营者提供小额商业贷款。他向他们提供低息或无息的小额贷款，这样他们就可以购买供应品出售，开展自己的生意。他意识到，他们可以用很少的资本取得成功，这是一件多么了不起的事情。他们开始在保持尊严的同时，让家人过上体面的生活，并最终偿还了贷款。

在环游世界的过程中，拉贝德遇到了很多人，用他自己的话说，"我开始意识到我不再需要我的房子、豪车、滑翔机或昂贵的晚餐了。我要与人建立联系……25年来，我像奴隶一样为我不想要也不需要的东西工作。而现在，"他高兴地叫道，"我的梦想是'一无所有'！"

这是不是听起来很不可思议？在物质财富方面一无所有，但在真正的贡献和价值方面却无所不能。想象一下他的小额贷款对挣扎中的企业家产生的影响：他们现在可以养家糊口，帮助他们的孩子接受教育，甚至会有一个更好的未来。卡尔发现真正的幸福不在于积累财富，而在于帮助他人积累财富。

> 如果我们不能为彼此生活排忧解难，那我们活着还有什么其他意义呢？
>
> ——乔治·艾略特

现在，我不是建议我们放弃所有的财富，卖掉我们的资产，像卡尔·拉贝德那样在木屋里过简单的生活，但是从他的故事中可以学到宝贵的一课。当卡尔专注于为他人服务而不是物质财富时，他找到了生活的意义。

作者杰夫·布隆博写了一本极具洞察力的儿童读物，名为《被子匠的礼物》（The Quiltmaker's Gift）——一本成年人读了也会有所启发的书。他所讲的故事是一个贪婪的国王，他拥有他所想要的一切物质财富，但他的财富并没有使他快乐。

国王听说有个老妇人能织出世界上最漂亮的被子，并把它们免费送给那些买不起的人。她整天忙于织自己的被子，虽然她没有什么物质财产，但她对自己简单的生活很满意。因此，国王决定要拿到她的被子，当她不愿以任何价格卖给他时，他感到震惊。她解释说，这是为那些买不起的人准备的。他脸色铁青，但老妇人不肯屈服，无论他如何威胁或惩罚她……他尝试了各种方法！

最后，她与国王做了一个交易，因为她知道他是多么自私，他不喜欢分享他任何珍贵的东西。她告诉他，他每送出一件财产，她就为他的被子做一块布。国王不情愿地同意了，因为尽管他喜欢他所有的宝物，但她美丽的被子是他唯一不能拥有的东西。起初，他在他所有的宝物中找不到任何可以放弃的东西，但最后他决定送出一颗弹珠。令他惊讶的是，收到弹珠的男孩非常高兴，以至于国王决定再找其他东西送人，看到接受者脸上的喜悦时，他都忍不住要笑。

"这怎么可能呢？"国王喊道，"我怎么能对把我的东西送出去感到如此高兴呢？"虽然他不明白为什么，但他命令他的仆人："把所有东西都拿出来！马上把它们都拿出来！"

就这样，每送出一件礼物，被子匠就在他的棉被上再加一块布。当王国里的每个人都收到了他的礼物之后，国王开始向世界各地的人赠送他的东西，用他的财宝换取微笑。

很快，国王就没有什么可送的了，老妇人完成了他美丽的被子并将它披在国王身上，因为他的王室衣服现在已经破烂不堪。老妇人说："正如我很久以前向你承诺的那样，当有一天你自己变得贫穷时，我才会给你一条被子。"

"但我不穷，"国王抗议说，"我可能看起来很穷，但实际上我的心充满了对我所给予和接受的所有幸福的回忆。我是我认识的最富有的人。"

于是，从那时起，老妇人白天缝制她美丽的棉被，晚上，国王带着棉被到城里去，寻找那些贫穷和心灰意冷的人，当他把东西送出去的时候，他感到了前所未有的快乐。

> 当你奉献你的财产时，你其实付出的很少；当你奉献自己的时候，才是真正的奉献。
>
> ——纪伯伦

跳出自我

> 生活中最紧迫的问题是，你在为别人做什么？
>
> ——马丁·路德·金

这个金博士经常发出的尖锐提问应该会触动每个人的内心，激励所有人行动起来。

2014年，宾夕法尼亚大学沃顿商学院最年轻的终身教授和评价最高的教授亚当·格兰特，写了一本名为《付出和索取》(*Give and Take*)的书，解释了为什么我们在制定个人目标时应该考虑付出。

格兰特写道："当我想到那些付出者时，我只想把他们定义为乐于助人的那类人，而且经常不附带任何条件。"格兰特认为，大多数人认为他们需要先获得成功，然后才能做慈善——但他的研究表明实际上情况恰恰相反。"有一些人，比如比尔·盖茨，他们先取得成功，然后开始回馈社会，但大多数成功人士早在他们取得伟大成就之前就开始付出了。"格兰特说，"我很想重新定义成功，它不应该仅在于你取得了什么成就，还在于你帮助其他人取得了什么成就。"

现在想象一下，如果你的财富、影响力和努力挽救了无数生命，你会产生多大的影响，下面这个鼓舞人心的例子说明了这一点。

比尔·盖茨与他人共同创立了微软，并将其变成了一个价值数十亿美元的企业，通过让全世界的消费者都能使用计算机而实现了技术革命。多年来，他凭借微软使自己在科技行业功成名就，他甚至一直名列福布斯全球富豪榜榜首。然而，有一天历史可能会将他誉为我们这个时代最伟大的慈善家。他的持久遗产可能不仅仅是创新，而且是对数百万人的激励，他的全球健康和教育倡议对这些人产生了永久的影响。也许最重要的是，他正在激励其他同样拥有巨大财富和影响力的人也这样做。就像一块扔进湖里的石头，他的付出所产生的影响，以及由此带来的好处，传播得越来越广，涟漪影响它们触及的一切。

在电影《蜘蛛侠》中，本叔叔给了他的侄子彼得一把用他的天赋做好事的钥匙，他分享了现在大家都熟悉的格言："能力越大，责任越大。"比尔·盖茨受父母影响，对社区服务和回馈邻居有着很大的兴趣。他也受到前妻梅琳达的影响，梅琳达与他有相似的背景，也很有服务意识。此外，比尔对洛克菲勒和卡耐基等慈善家的生平进行了研究，使他产生了一种责任意识，即把自己的资源用于慈善事业——尤其是在他还活着的时候，这样他就能亲力亲为。虽然他从未见过洛克菲勒，但他很钦佩他在去世前将大部分财产捐赠给他所信仰的事业的做法。

> 对我来说，钱超过一定数目就没用了。它的效用完全在于建立一个组织，并将资源提供给世界上最贫穷的人。
>
> ——比尔·盖茨

2000年，比尔·盖茨辞去微软首席执行官一职，开始把更多的时间投入到比尔和梅琳达·盖茨基金会，旨在通过捐赠改变世界。他们的朋友、共同受托人沃伦·巴菲特曾就慈善事业给过他们一些很好的建议："不要只做安全的项目；直面真正棘手的问题。"他们把他的建议放在心上，采取了果断的行动。

本着"所有生命都具有同等价值"的信念和愿景，盖茨夫妇创建了美国最大的慈善信托基金，并将他们的时间和金钱贡献给一些全球最紧迫的问题，其中包括充分的医疗保健、防止早产、防治传染病（特别是疟疾）、致力于解决极端贫困、卫生问题、教育不公以及在全球范围内平等获得信息和技术。

当得知全世界的贫困国家每年有50万儿童死于腹泻疾病时，比尔和梅琳达感到非常震惊。低成本的口服补液盐可以拯救他们的生命，但没有人觉得有义务去改变这一现状。

盖茨一家意识到，他们需要抓住摆在他们面前的机会，真正地拯救这些孩子的生命。他们认识到，他们的基金会可以通过寻找政府和市场没有解决的问题来发挥他们的影响力。拯救儿童的生命是他们开展全球工作的目标，他们的第一笔巨额投资用于尚未在发展中国家普及的疫苗。

一项针对五岁及以下儿童的疫苗接种倡议，将儿童死亡人数减少了一半，即从每年1200万减少到了600万。

> 我们相信所有的生命都有同等的价值，但我们看到世界并非如此，贫困和疾病在某些地方仍然要比其他地方严重。我们想建立一个基金会来对抗这些不平等。
>
> ——梅琳达·盖茨

在他们的疫苗接种运动之前，脊髓灰质炎（也称小儿麻痹症）——它几乎已经在全世界范围内被根除——却仍然在阿富汗、印度、尼日利亚和巴基斯坦肆虐，并夺走了很多人的生命。2012年，全世界一半以上的脊髓灰质炎病例是在尼日利亚发现的。世界卫生大会主要通过比尔和梅琳达·盖茨基金会及国际扶轮社加入的大规模免疫接种运动，发起了全球消除脊髓灰质炎倡议。两年后，盖茨基金会承诺为尼日利亚支付7600万美元的脊髓灰质炎债务（在20年的时间里），由于他们的努力，2017年尼日利亚未再出现新的脊髓灰质炎病例报告。

截至2017年，盖茨基金会已为全球消除脊髓灰质炎倡议捐助了近30亿美元，最终将脊髓灰质炎病例数减少了99.9%，使1300多万儿童免于瘫痪。原本每年35万例的脊髓灰质炎病例下降到20例以下，仅出现在剩下的两个国家，即阿富汗和巴基斯坦。

比尔·盖茨发现，在盖茨基金会做全职工作和当微软的首席执行官一样很耗精力，但同时也很有趣，充满挑战性。梅琳达·盖茨作为一名富有的美国女性，她自己也在科技领域里颇有建树，她本可以选择一条更容易的道路，不去密切参与世界范围内许多复杂而突出的极端贫困问题，但她心甘情愿地做出了选择。

梅琳达对他们基金会的工作方向和优先事项产生了特别的影响。她不只是在舒适的家中研究数据和分析理论，她去过基金会合作的社区。她和她的团队多次访问非洲和南亚的低收入国家，与许多位母亲、助产士、护士和社区领袖一起工作，了解他们的生活及面临的挑战。梅琳达不愿意跳过困难的问题，她努力学习和理解各种文化，以促进妇女在几个重要领域的改善和提高。她的团队通过教育赋权实现了许多突破，不仅丰富了她们的生活，也拯救了她们的生命。

梅琳达很快发现，"在极度贫困的社会中，女性被推到边缘，成为

'局外人'。克服'创造局外人'的需求是我们作为人类的最大挑战，也是结束深层次不平等的关键……这就是为什么有这么多的老弱病残和穷人处在社会的边缘……拯救生命首先要让每个人都参与进来。当我们的社会没有'局外人'时，社会将是最健康的。我们必须继续努力减少贫困和疾病……仅仅帮助'局外人'打拼是不够的——当我们不再把任何人赶出去时，真正的胜利才会到来"。

经过多年的亲身观察、学习，以及积极努力寻找困难问题的答案，梅琳达写了一本启发性著作：《女性的时刻：如何赋权女性，改变世界》(*The Moment of Lift: How Empowering Women Changes the World*)，这本书涵盖了她个人经历和对生活在极端贫困中的人们的见解。

在达到成功的顶峰后，比尔和梅琳达选择了"跳出自己"，并在世界各地扩大了他们的影响圈。虽然盖茨夫妇于2021年离婚，但两人仍然以联合主席和受托人的身份致力于基金会的工作，坚守着他们自2000年以来一直在做的工作。停下来享受他们拥有的财富是多么容易啊。他们好像没有什么要证明或者征服的事情了。然而，他们的选择，表明了生活是关于贡献的，而不仅仅是积累，他们对世界的贡献是不可估量的。

2010年，比尔和梅琳达与沃伦·巴菲特一起发起了"捐赠誓言"(The Giving Pledge)的劝募善款活动，其使命是"邀请富有的个人和家庭承诺在他们生前或离世后，将他们的大部分财富捐赠给他们选择的慈善事业和慈善组织"。"捐赠誓言"的灵感来自各种财务状况和背景的捐赠者所树立的榜样。"数以百万计的美国人为使世界变得更美好而慷慨捐赠（通常是以个人名义），他们树立的榜样激励着我们。"

> 今天有人坐在树荫下，是因为很久以前有人种了一棵树。
>
> ——沃伦·巴菲特

自"捐赠誓言"成立以来，截至2021年12月，该组织的成员已增加到231个，来自世界各地的28个国家，年龄从30多岁到90多岁不等，他们承诺将自己的财富用于广泛的事业。这群企业家和商业领袖还代表了不同的行业，如技术、医药、生物技术、房地产和奶牛养殖业。从医疗保健、教育到扶贫，这项意义深远的倡议是一种新的全球性和跨代际的方法，旨在解决一些重大的社会问题。

比尔·盖茨承诺捐出自己95%的财富，其中大部分将在有生之年捐出。2006年，沃伦·巴菲特承诺在有生之年或离世后将99%的财富用于慈善事业。他解释说："我和我的家人对我们的非凡好运的反应不是内疚，而是感激。如果我们把超过1%的财富用在自己身上，我们的幸福和快乐都不会增加。相比之下，剩下的99%会对其他人的健康和福利产生巨大影响。"

艾伯特·尤斯基，现代飞行训练之父，捐出了他的大部分财产用于抗击失明。51%的失明是由白内障疾病引起的，然而，一个5分钟的50美元的手术就可以扭转这一局面。尤斯基向负责实施这些改写生命的手术的助明基金会（HelpMeSee）捐赠了510万美元。当他签署承诺书时，他鼓励其他人不要等到为时已晚才去做慈善。一个月后，也就是2012年，他去世了，享年95岁，捐出了2.6亿美元的资金。

如果那些达到成功顶峰的人接受挑战，签署捐赠承诺书，将对各种慈善事业和慈善组织产生多么不可思议的影响。想象一下，他们的数十亿美元将如何改变无数人的生活。他们的影响圈（包括他们重视并选择支持的事业）将会触及整个世界；这种影响不仅改变生活，而且拯救生命。

对于我们大多数人来说，我们的影响圈可能较小，只会涉及我们身边的个人或团体。但这些贡献仍然是非常有价值的，贡献无论大小，都是需要的，因为它们会为我们的社会带来积极的变革和持久的福祉。

处于成功顶峰阶段的积极主动的人不会关注那些无能为力的事情，比如过去的成功或失败，而会把时间和精力集中在他们可以做的事情上，从而创造更美好的未来；他们也会关注身边需求，做出回应；他们用所拥有的资源尽可能地为他人带来福祉。

奉献将我们从自己需求的熟悉领域中解放出来，进入被他人需求所占据的未被解释的世界里。

——芭芭拉·布什

以凯瑞和凯文为例。经过多年的努力，他们在得克萨斯州北部的一个小镇站稳了脚跟，养育了6个孩子，在他们的社区过着一种"站在成功的顶峰"的生活。他们并没有只专注于他们的家庭，而是选择通过服务和社区建设，慷慨地奉献自己，因为他们的小镇有许多问题亟待解决。

凯文是一名牙医，曾担任扶轮社主席，多年来一直担任大多数青少年运动队的教练。有一年，市政府没有支付当地棒球场的准备工作和浇灌草地的费用，所以凯文自己做了这些工作并支付了水费，用以确保孩子们不会错过春季棒球赛。每年，凯文和镇上的另一位牙医都会免费为当地儿童提供牙齿密封剂，以预防龋齿。

除了帮助运营密封剂诊所外，凯瑞还积极组织圣诞节开放参观活动，为当地其他慈善机构筹集资金，包括多年来的食品募捐活动，并自愿每周在她孩子就读的小学与学生一起阅读。

一天，一个叫玛丽亚的二年级女生哭着走进教室，凯瑞不由自主地给了她一个大大的拥抱，这让她很快平静了下来。在接下来的几个星期里，凯瑞一直关注着玛丽亚，她发现她很有个性，班里的一些孩子普遍不喜欢她，甚至欺负她。除了社交方面的困难，玛丽亚的阅读和数学能力远远低于她的年级水平，但她的老师根本没有解决这个问题。

凯瑞决定和玛丽亚成为朋友，并向校长要了她父母的联系方式，以便在放学后邀请她和自己的孩子一起玩。校长直率的回答让她感到震惊："哦，不。相信我，你不会想和她或她父亲扯上任何关系的。她们的母亲被关在监狱里已经很长一段时间了！她们全家都不是很正直——她们撒谎、偷窃。你最好离他们远点。"

对凯瑞来说，这解释了玛丽亚表现出的很多情绪和行为问题。凯瑞不顾校长的警告，决定与玛丽亚和她的妹妹安吉来往，并最终与她们的父亲取得了联系。

凯瑞发现她们一家住在城郊。玛丽亚的父亲没有车，因为自己是文盲，他也不关心女儿的教育。得到他的许可后，凯瑞安排女孩们有一天放学后和她的孩子们一起回家。她们第一次去的时候，非常高兴，甚至都哭了。她很快发现，女孩们最喜欢的事情就是坐在凯瑞身边，听她一本书接着一本书地读给她们听，大部分都是幼儿水平的书。当她对她们表现出母爱时，她们渴望她的关注和爱。有一次她们在看书，安吉凑到凯瑞身边，怯怯地问："你能假装是我妈妈吗？"这句话让人心疼，她们多需要一个有慈爱父母的正常家庭生活啊。凯瑞很快发现，尽管她们喜欢和她的孩子们玩，但其实更想从她那里得到母亲般的关注和爱。

玛丽亚和安吉都喜欢放学后和凯瑞一起回家，凯瑞把它变成了每周的活动，在她们玩之前帮她们辅导家庭作业，通常还会邀请她们留下来吃晚饭。虽然她们的父亲是一个正派的人，但很多单亲父亲所需的技能他都不具备，他只能努力谋生。凯瑞开始载他去参加学校的项目和活动，他才意识到这些活动对女儿们有多重要，如果他不去，她们将是唯一没有父母陪伴的学生。

玛丽亚和安吉开始改变了。没过多久，她们的行为问题就消失了，通过凯瑞的课后辅导，她们的阅读和数学技能大幅提高。通过和凯瑞的孩子们玩耍，她们学会了更多的社会意识，这也拉近了她们在学校里与其他同学的距离。随着自我技能的提高，她们的自信心也在飙升。

当安吉课上要举办一年一度的生活蜡像馆活动时，凯瑞确保安吉和其他学生一样，也有一件历史人物服装可以穿，以及活动所需要的海报和视频，这样她就可以在这个重要的项目中很好地展现自己。在活动结束时，凯瑞第一次感受到安吉对成功的自信。

这位"代理母亲"给这两个女孩的生活注入了多么大的希望啊，她们之前太缺乏母爱了。在为自己的家庭创造了美好生活，并成为她所在社区的一个有影响力的人之后，凯瑞帮助这些女孩创造了一种新的生活，让她们也能获得成功，感受到爱和价值。

幸福的关键在于超越自我——与他人一起工作——在共同愿景或使命的驱动下做出贡献。一位年轻的母亲记得她的外婆总说："这是充满挑战的一天。我们去为某个人做出贡献吧。"这是多么卓越而明智的见解！对他人的需求贡献力量，以只有你能做到的方式帮助他人，这是以渐强的心态生活的重要一步。

> 但是，如果你想成为一个真正的专业人士，你会做一些跳出自我的事情，做一些帮助社区的事情，做一些让比你更不幸的人生活得更好的事情。这就是我认为的有意义的生活。一个人不仅要为自己而活，而且要为自己的社区而活。
>
> ——露丝·巴德·金斯伯格

4

第四章
领导力是向他人传达价值和潜力

我父亲具备很多能力，但机械性思维不是其中之一。跟大家分享一个家庭故事：在我们的父母结婚的头几年里，父亲雇了一个电工来检查电灯哪里出了问题，结果被告知只是需要换一个新的灯泡。我母亲说，父亲就问电工安装一个灯泡要收多少钱！他从来没有忘记过这一点。

在我父亲去世后，我想起了一个叫约翰·努内斯的好人，在我们家最喜欢的蒙大拿州度假胜地，父亲多年来一直依靠他来帮忙安装设备。他为我们提供一流的服务和帮助，并对我们家的设备感到自豪，就像是他自己的一样。父亲绝对依赖他，约翰经常在晚上下班后去湖边检查我们的水上摩托和其他设备，以确保它们第二天就能正常工作。这对我们来说是非常宝贵的，因为我们家里有些人的度假时间是有限的。我父亲去世后，约翰继续为我们提供帮助，我们真的很感激。

有一天，当我感谢他时，他的回答让我吃惊。

我得告诉你一件事。史蒂芬先生是唯一一位真正认可我工作的人。这些年我很喜欢和他一起工作，主要是因为他让我对自己感觉良好，他真诚地重视我的技能和对你们家庭的服务。我很高兴能一直帮助你们，因为你的父亲让我觉得我作为一个个体生命，在我的职业中被人认可和肯定——这对我来说意味着整个世界。

我惊住了。"我真的很感激你所做的一切，谢谢你。"如此简单的一句话，我们有多少次真诚地借此感谢过那些帮助我们的人？

——辛西娅·柯维·哈勒

许多年前，肯尼斯·布兰佳写了一本很有影响力的小书，叫《一分钟经理人》（*The One Minute Manager*）。书中有一个伟大的观点，直截了当却又真实："未曾表达出来的好想法都是一文不值的！"他进一步写道：

在我多年来教授的所有概念中，最重要的是"捕捉人们做正确之事的瞬间"。毫无疑问，在我看来，培养人才的关键是发现他们做了正确的事情，并赞扬他们的表现。你会注意到当你这样做的时候……那个人会更加专注于提升自己。

现在就做出承诺，当你对他人有正面评价时，请在当下就表达出来。但凡迟疑一会儿，这个机会可能就永远消失了。通过养成这个好习惯——只需要几秒钟的时间——就可以让他人愉悦，内心向善；灌输信心，表达赞赏，也许还可以帮助他人解决看不见的需求或问题。给予他人肯定的评价会激励他们继续做得更好。正如一句古老的谚语所说："良言一句三冬暖。"

不要让这一时刻过去，因为正如一首曾经流行的歌曲所感叹的，"我们可能永远不会再经过这条路"。从来没有一个正直的人说过或想过——"我后悔在孩子成长过程中曾对他百般疼爱！"

每个父母都知道，让年幼的孩子在外出就餐时做到举止得体不是一件容易的事，尤其是当你独自一人带娃时。一个周末，在北卡罗来纳州首府罗利，一位年轻的单身母亲带着她的孩子去必胜客吃饭。她正在经历一场混乱的离婚，她两个年幼的孩子有特殊需求。她走向坐在旁边的一名男子，提前为孩子们将要制造的噪声和吵闹道歉。他向她保证，他自己也是一位父亲，他理解当时的情况。

当那位母亲上楼去付餐费时，她感受到了这名陌生男子的善意。他已经为她付了款，还给他们买了一张礼品卡，方便他们下次再来。他还在收据的背面写了一段话，这段话让她热泪盈眶：

　　我不知道你的背景，但我有幸在过去的30分钟里看到你养育你的孩子。我必须说，感谢你以如此有爱的方式教育你的孩子。我看到你教他们尊重、有教养、举止得体、沟通、自制和善良的重要性，同时你也保持着极大的耐心。我们可能不会再相遇，但我肯定你的孩子会有美好的未来。继续坚持吧，当生活开始变得艰难时，不要忘了其他人可能正在注视着你，他们需要看到一个来自良好的家庭文化的鼓励。上帝保佑你。杰克。

她对所发生的一切非常感激，她联系了当地的一家电视台，试图感谢杰克在她人生最低谷的时候给了她巨大的鼓励。"你根本不知道人们经历了什么，"这位母亲告诉美国广播公司（ABC），"这是我人生中最糟糕的几年，我从来没有得到过这样的认可！我只是做我能做的来维持生活。我想让他和他的家人知道他很棒！你永远不知道谁在关心着你。"

杰克对这位苦苦挣扎的单身母亲在抚养孩子时所表现出的耐心和毅力的认可，具有不可估量的价值。不仅仅是支付了餐费和礼品卡，杰克还对抚养一个年轻家庭的价值和重要性做出了正面的肯定。

> 我们常常低估了一个触摸、一个微笑、一句好话、一个倾听或最微小的关怀行为所带来的力量；所有这些都有可能彻底改变一个人的生活。
>
> ——莱奥·布斯卡利亚

杜尔西内娅原则：积极肯定的力量

我喜欢经典音乐剧《我，堂吉诃德》（*Man of La Mancha*）的故事，它取自西班牙文豪塞万提斯的《堂吉诃德》，教导人们要相信他人潜力这一鼓舞人心的原则。堂吉诃德是一位中世纪的骑士，他爱上了阿尔东萨，一个普通的农家姑娘。她周围的人都因她的身份对她冷淡，但这位英勇的骑士却无视这一现实——他只按照他内心的标准来对待她，即她作为一个贤淑女人的潜力。

起初，她不相信他是真诚的。但是堂吉诃德通过实际行动证明了自己。他每次都会以"杜尔西内娅"的名字称呼她。这样便为她提供了一个新的身份，通过这个身份她可以重新看到自己。他耐心地坚持，直到他的肯定逐渐开始穿透阿尔东萨强硬的心墙。渐渐地，她改变了她的生活，并接受了他对她的肯定，让那些对她有偏见的人另眼相看。在这种新的思维模式下，她最终成为杜尔西内娅，一个美丽贤惠的女人，她拥抱了新的身份，开始迎接一个崭新的生活机会。

最后，当堂吉诃德快死的时候，她来到他的病床前，他再次肯定了她的价值，唱了那首鼓舞人心的歌——《不可能的梦想》（*The Impossible Dream*），这首歌传达给她的信息很明确：永远不要放弃你的潜力，抑或是你的梦想！永远相信你内心向善的那一面。他看着她的眼睛，恳请她记住他所说的，"永远不要忘记你是杜尔西内娅"。

> 一个人只有用心才能看得清楚；重要的东西是肉眼看不见的。
>
> ——安托万·德·圣·埃克苏佩里,《小王子》

堂吉诃德在阿尔东萨身上看到了她本人看不到的价值。他用无条件的爱向她揭示了这一点。我们可以从堂吉诃德身上学到很多东西。杜尔西内娅原则的"自我实现的预言"是，人们会成为你真正相信他们能成为的人。

我们每个人都有能力为别人做到这一点——特别是如果你在生活

的某个领域达到了成功的顶峰，这时你的潜在影响力会比你想象中的更大，更能影响他人。我经常建议那些有影响力的人抓住这个机会，关注自己之外的其他人，也就是说："寻求祝福，而不是留下印象。"

你可以观察周围，看看有谁需要他人的信任和认可。相信并加强他们的伟大品格，即使它还没有显现出来。当你这样做的时候，这个人的潜力就会实现。你可以关爱和激励某人成为他们注定要成为的人，不管他们的过去和当下的处境如何。

> 以一个人所能成为和应该成为的样子对待他，他就会成为他所能和应该成为的样子。
>
> ——约翰·沃尔夫冈·冯·歌德

发挥积极肯定的力量，就是发挥真正的教导力和真正的领导力。没有什么比帮助另一个人发掘他们的潜力并激励他们走向伟大更有成就感的了。

• 要对灵感持开放态度——来自内在良知和外部来源的灵感。认识到这一点，你将很快对其他人产生更大的影响。

• 要意识到，人们必须首先感觉到你理解他们并真正关心他们；只有这样，他们才会对你的影响持开放态度。

• 在与你想指导的人建立关系后，寻找自然的"教学时刻"机会，在此过程中，你可以传达你所知道和相信的重要理念。

• 用现实生活中发生在他们身上的例子来教他们如何应对

• 让他们对自己有一个全新的愿景

• 帮助灌输信心，使他们相信自己能够应对所面临的挑战，并做出正确的选择

• 教导他们根据自己的想象力而不是过去经历来生活

他人对我们的信任和肯定也是我们内心安全感的强大来源之一，即使我们自己都不相信自己。这种信任和肯定的价值和力量对人成长和实现其潜力而言是至关重要的，它可以带来强大的内心平和和安全感，使人们能够走出舒适区，不再畏惧失败。

对他人的肯定和认可是个人的、积极的、进行时的、可视化的和有情感联结的。它应该是简单的、真诚的，并适用于对方的能力：

• "我知道这些金融课程真的很难，竞争激烈，但你一直是一个认真的学生，我真的认为你的努力会有回报的。坚持住，安吉，即使你要重修这门课。这个专业通常需要一段时间来理解概念，但我知道你的韧劲——你最终会成功的。"

• "你是个天生的艺术家，约翰。你很有创造力，带着这样的情感画画，你的画给人一种不同于大多数人的视角。你现在敢尝试，真有胆量；你将学习到一系列的新技能。"

• "作为父亲，你比你想象中做得还要好。不要因为你看到的那些典型的青少年叛逆行为而感到自责！你花了那么多时间在

棒球场上给萨姆投球，他知道你在乎他。增进感情一直是你的强项。"

• "我喜欢你今天在团队成员表达不同意见时与他们互动的方式。这可能是头脑风暴型的，但你以一种开放的方式引导讨论，每个人都觉得他们可以分享自己的想法。这并不容易——你有一些天生的领导能力，可以真正帮助到我们的团队。"

• "在别人只想被倾听的时候，感谢你一直在倾听。我相信你对你兄弟姐妹的建议，因为你会让他们先表达自己，然后他们才容易接受你的想法。你很聪明，能做出艰难的决定。我相信你。"

当然，所有的肯定对你想要肯定的人来说都是主观的，但如果给予真诚的认可，它们会产生巨大的影响，因为大多数人最终会反映出别人对他们的看法和信念。在成功的顶峰，你可以通过遵循几个简单但重要的原则来有效地肯定别人。养成这些习惯，你的影响力就会更大：

改变你所肯定的人的名字或旧身份或标签。

• 旧的名字、标签、头衔、绰号和身份阻碍了进步。几乎在每个社会中，成年仪式都包括授予一个新的头衔或名字，因为这些大大促进了行为的改变。你不需要从字面上给某人起一个新名字——比如杜尔西内娅——但你必须超越你自己对他们的看法，并帮助他们也这样做。

• 帮助他们从不同的角度看待自己。重要的是要教会你关心的人活在他们的理想中，而不是他们的过去经历中。

• 要认识到，我们最大的敌人往往是自己。相信旧身份只会打败自己，而不是重新塑造自己。

肯定他们的新身份。

• 帮助他人改写他们的生活和使命需要勇气，但这是我们力所能及的。旧身份可以改变和重写，特别是如果有人爱你和相信你的时候。

• 当这种情况发生时，会带来巨大的力量，尤其是当人们还没有完全相信自己的时候。当一个人相信另一个人的时候，可以帮助那个人逃避伤害，迫使他们为自己的行为负责。这也迫使他们成为改变的积极推动者，而不是接受自怜的消极心态。

> 通过让他意识到他能成为谁，以及他应该成为谁，他的这些潜能才得以实现。
>
> ——维克多·弗兰克尔，《活出生命的意义》

肯定的基础是信念，是对一个人、产品或项目的潜力的一种坚定信念。这种信念通常来自愿景的源泉。创新和创造的成果自然来自具有挑战性的愿景、孩子般的信念和耐心、勤奋的工作：

信念+工作=成果

相信别人的潜力就像竹子一样。种植竹子的人四年之内什么都看不到，除了一颗小小的球茎和枝干外，地面上什么都没有。头四年竹子的所有生长都用于扎根。但令人难以置信的是，第五年这株植物长了24米！

没有根，就没有果实。肯定一个人，相信他的潜力，会让他的根深入地下，形成坚实的基础。只有到那时，根部才会结出果实——这可能像竹子一样需要数年时间。对于最终"开花"的人，以及帮助奠定基础的值得信赖的导师来说，这是多么甜美的果实。最重要的是，我们永远不要以一个人的弱点来定义他；我们要根据他的优点来定义他。

领导力是一种有意识的选择

多年来，在我的演讲中，我都会问听众一个很有启发性的问题：

你们当中有多少人之所以取得现在的成功，很大程度上是因为别人在你不相信自己的时候相信了你？

无一例外，大约三分之二的人会举手。我的下一个问题是：

谁选择相信你？他们是如何向你表达他们的信任的？这样的信任对你产生了什么影响？

然后我会在房间里四处走动，请一些人分享他们的经历。很多时候，人们在讲述个人故事的时候会变得非常情绪化。最后，我想问一个最重要的问题：

你是否也想对别人做同样的事？

我认为，对领导力最好的定义是，将他人的价值和潜力清晰地传达给他们，让他们看到自己身上的价值和潜力。我们中的大多数人都受到过真正信任我们的人的鼓舞、激励和指导，这使一切都变得不同。我们可能没有意识到我们可以对另一个人产生多么强大的影响，这种影响可以传承到下一代甚至下下一代。

> 在每个人的生命中，有时，我们内心的火焰会熄灭。然后，它会因与另一个人的相遇而重燃。我们都应该感谢那些重新点燃内心火焰的人。
>
> ——阿尔贝特·施韦泽

我很幸运，我生命中有很多人相信我，鼓励我发挥他们在我身上所看到的潜力，尤其是我的父母。有一次，我在半夜醒来，发现母亲站在我旁边，小声说着鼓励的话，说我明天早上会在一场重要的考试中取得好成绩。我承认，当时这似乎有点奇怪，但我也毫不怀疑，她相信我，并像我父亲一样，尽她所能地鼓励和肯定我所参与的任何事情。他们的认可对我的人生产生了巨大的影响。

在我20岁的时候，我在英国有一个志愿服务的机会，它深刻地改变了我的人生。海默·雷瑟在那里担任团队领导，几个月后，他让我在英国的一些主要城市培训当地的领导者，他们中的很多人年龄都要比我大很多。我几乎不敢相信他让我来培训，因为我严重怀疑自己是否有能力去做那些走出舒适区的事情。但他对我说："我非常信任你。你能做到的。"他在我身上看到的潜力远比我在自己身上看到的多。

令我惊讶的是，我发现自己有一些天赋，可以用一种能启发他人的方式来传达思想，而且我对教学产生了热情。雷瑟先生成了我信赖的导师，他看到了我在教导和培养领导者方面的潜力，因为我对他的尊重，他对我的信任和期望也随之增加。我成长了，我找到了自己的优势。这段经历改变了我的整个生活模式，包括我看待自己的方式，并最终指引了我整个人生的职业方向。教学启迪了我的写作，并使其成为一种工具。

我相信，真正的领导力是一种有意识的选择。我发现了三种产生影响力的方法。

以身作则： 我们指导的人会看到我们做了什么。当我们遵循爱的法则生活时，我们鼓励人们服从生活的法则。人的内心是极其脆弱的，尤其是那些外表坚强和足够自立的人。我们必须用"第三只耳朵"——心，来倾听他们。通过表达爱，尤其是无条件的爱，我们可以对他们产生更大的影响，这种爱给人们一种内在的价值感和安全感，而不需要强迫他们做出行为或与他人比较。除非我们以身作则，否则我们的话就是空洞的。"我们是谁"比我们所说的甚至我们所做的更有说服力。

建立关心的关系： 我们指导的人会感受到我们所做的。我们对事物进行分类、判断和衡量的努力往往源于我们在处理复杂多变的现实时产生的不安全感和挫败感。每个人都有很多面。有时，一个人的潜力是显而易见的，但对许多人来说，潜力似乎总处于休眠状态。人们往往会对我们对待他们的方式和我们对他们的看法做出反应。

有些人可能会让我们失望，或者认为我们幼稚或容易受骗，而我们怀着善意，出于良好的动机和内心的安全感，我们就会唤起他人的善意。善意结好果。

通过指导进行辅导：我们指导的人会注重我们说的话。如果你真的想要发挥影响力，在准备你要说什么之前，先调整好你的心态。我们说话的方式可能比我们说话的内容更重要。你将有机会指导那些欣赏和追随你的人，尤其是亲密的家庭成员。如果你是父母，有个可供参考的实践建议：在你的孩子充满需求地从学校回家之前，或者当你下班回家时，花点时间调整一下自己的状态。换句话说，在你陷入某种境地之前，先停下来控制自己，想好如何应对周围的状况。

- 学会收集你的资源

- 让你的思绪和内心都平静下来

- 选择愉悦心态

- 充分关注他们的需求

- 准备好听他们说什么（以及他们没有说什么），而不是在他们说话的时候准备你的演讲

- 选择做最好的自己，可以消除疲劳，重新下定决心

用我所说的"收获法则"来调整你的指导过程——"我们播种什么就收获什么"。对于大多数有价值的东西，没有捷径，没有简单的解决方法，也没有捷径。你播种的种子和你处理它的方式最终决定了你的收获成果。在农场里没有捷径可走——没有死记硬背，没有拖延，也没有别的方法欺骗大自然母亲——在不付出代价的情况下获得丰硕的成果。

说到底，人际关系也是如此。同样可以应用永恒的"农种原则"：准备土壤、播种、栽培、浇水、除草和收获。

搭建沟通桥梁

女诗人威尔·艾伦·德罗姆古尔有一首富有洞察力的古诗，名叫《修桥人》（*The Bridge Builder*）。有趣的是，这首诗写于1931年，那是一个比我们现在更少"以自我为中心"、更多以服务为导向的时代。

> 一个老人走在孤独的公路上，
>
> 在寒冷而灰暗的夜晚，
>
> 走到一个又深又宽的深渊。
>
> 一股阴沉的潮水从里面涌过，
>
> 老人在朦胧的暮色中走过，
>
> 阴沉的河水对他毫不畏惧；
>
> 但当他在安全的另一边转身时，
>
> 他建造了一座跨越潮水的桥。
>
>
> "老人，"附近的一个朝圣者说，
>
> "你在这里建桥是在浪费你的力气；
>
> 你的旅程将在最后一天结束，
>
> 你将永远不会再通过这条路；
>
> 你已经越过了这又深又宽的深渊，

为什么要在晚潮时建这座桥？"

修桥人抬起他那灰白的脑袋，

"好朋友，在我走过的这条路上，"他说，

"今天有跟在我身后，

一位必须走过这条路的年轻人。

这个对我来说可能是无足轻重的沟壑，

但对那个金发的青年来说可能是个陷阱；

他也在朦胧的暮色中穿过；

好朋友，我正在为他建造这座桥！"

有时我们所做的并不一定会直接使我们受益，但它会帮助那些追随我们的人。有智者和经验丰富的人站在十字路口为我们指路，多么宝贵啊！有许多优秀的人对正在崛起的一代产生了重大的影响，为他们树立了榜样，铺就了更平坦的路。

我们都是由素未谋面的人塑造的。

——大卫·麦卡洛

还在上大学的时候，一位年轻人就很幸运地被一家大型地区银行的首席执行官斯科特聘为私人助理。让这位年轻的实习生震惊的是，在他上班的第一天，斯科特就把他拉到一边说："你不会成为一个负责处理文书工作的实习生，相反，你会成为一个学习如何经营一家数百万美元的公司的实习生。"

斯科特信守诺言。用实习生自己的话说：

> 斯科特不会给我分配了任务就反悔。他真的很关心我正在做的项目，当我给他建议时，他会支持我。他经常告诉我，能听到我的意见和新想法是多么有价值，他还让我在每周一上午的董事会上向高管们展示我的观点。我知道我必须全力以赴，这对我们双方是双赢的；作为一名新实习生，我获得了一个向高管们展示自己的绝佳机会，斯科特能收到一份我认真准备的报告，这对公司来说也是很不错的。我自然想尽自己最大的努力，取得比前一周更好的成绩。
>
> 说实话，做展示很难，我有点胆怯，这对我来说确实是个挑战，但同时也是提升工作技能的机会。但斯科特总是在之前介绍我，说我正在做的项目有多重要，这对我很有帮助。当我讲完后，他强调了我的要点，以确保董事会重视我的话。他总是会跟进，这样做让我觉得自己很重要，是团队的一部分。
>
> 有时候，高管们在斯科特的办公室会见他时，他会让我旁听会议，这样我就能听到他们在讨论什么，然后我们再讨论。我从中学到了很多。让我吃惊的是，他似乎很自豪地把我介绍给知名人士。他会热情地说，"你一定要见见我的新实习生"，好像我是个大人物似的！

他曾邀请我陪他出差，在出差期间，斯科特把他作为首席执行官管理一家大公司学到的许多实用技能教给了我。他也会在我的职业道路上给我提出建议，并帮我联系他认为对我有帮助的人。斯科特推荐我读一些好书，他对我很感兴趣，不仅对我的工作感兴趣，对我的学校生活和社交生活也感兴趣，所以我开始把他当作一个值得信赖的导师。他对我的信任也给了我很大的信心，激励我也想要成为一个像他一样的人，走上类似的职业道路。我在他那里实习的那个夏天对我来说很特别，我定下了未来的目标，希望有一天能像他对我那样，积极地影响别人。

下面还有一个为追随者"搭桥"的例子。

当我在高科技行业得到第一份工作时，很明显我刚开始什么都不懂。在听到办公室里有人提到代码3后，我天真地问："我们在这里必须用代码说话吗？"大家都笑了，我才知道代码3是我们一个客户的名字！我敢肯定，就在那时，我的经理知道我需要一个带教老师，而我很幸运地被分配给了一位已经在这个行业工作了15年的女性。

她不厌其烦地指导我，确保我知道计算机行业的行话和术语，这样我就不会再感到尴尬了。她邀请我陪她赴约和开会，锻炼我的策略销售能力，她会告诉我正确的做法。

更重要的是，她给我灌输了一种我也可以成功的信念。她总是会鼓励我，让我有了一个好的开始。我不愿去想，如果我被分配给一个不愿费心教我这些诀窍，或者不关心我是否能做到的人，我会如何对待我大学毕业后的这第一份工作。

渐强心态促进了这样一种信念："搭桥者"可以做出伟大贡献，他们不在乎荣誉，他们无私奉献。他们给他人带来的影响是不可估量的，是可以激发卓越和改变的。

> 如果你能意识到你对你所遇到的人的生活有多重要，对那些你做梦都想不到的人有多重要，在每次和他人相识相处的过程中，你就能留下自己的一些印记。
>
> ——罗杰斯

领导力关乎品格塑造

在约翰·伍登（与唐·耶格尔合著）的最后一本书《人生的游戏计划：指导的力量》（*A Game Plan for Life: The Power of Mentoring*）中，这位著名的篮球教练列举了7位伟大的导师，他们影响了他的生活，比如他的父亲、他的几位教练、他深爱的妻子内莉、特蕾莎修女和亚伯拉罕·林肯。这本书的后半部分集中在这几个人身上——贾巴尔、比尔·沃顿和其他不太为人所知的人，比如他的孙女。

在印第安纳州代顿高中教英语和执教篮球的第一年，伍登经历了他职业生涯中第一个也是唯一一个失利的赛季。想象一下，如果他当时放弃了，认为自己不具备成为一名成功教练的技能会怎样呢？然而，约翰·伍登继续带领加州大学洛杉矶分校棕熊队取得665场胜利，并在12年内获得了前所未有的10次美国大学生篮球联赛（NCAA）总冠军——其中7次是连续的，4个完美赛季，88连胜（历史上最多的连胜），以及8个完美分区赛季。他是第一位以球员和教练身份入选"奈史密斯篮球名人堂"的人。2009年，他被《体育新闻》评为"美国体育史上最伟大的教练"。

毫无疑问，伍登教练在篮球场上达到了成功的顶峰，但对他来说，最重要的角色是担任别人的导师。他相信他的最高使命是教导他的球员不仅成为伟大的篮球运动员，而且成为有高尚品格的人。他写道：

> 我一直试图让大家明白，篮球不是终极目标。与我们的全部生活相比，它是微不足道的……我一生都在做一个导师——并且一直被导师指导着……许多人将教导视为一种任务……教导可以是激励他人的任何行为。

他说，教导不一定是一种正式的关系。这意味着善待他人，激励或鼓舞他们，教导他们我们所信仰的核心价值观——一种神圣的信任。

> 领导者不会创造追随者，他们会创造更多的领导者。
>
> ——汤姆·彼得斯，《追求卓越》

当约翰·伍登和他的兄弟们从高中毕业时，他们的父亲送给他们的毕业礼物是一张字条，上面列出了他的七条信念。多年来，作为一个提醒，也作为父亲传给儿子的遗产，约翰总是把这字条放在他的钱包里。从那以后，约翰·伍登也将此传递给了成千上万的人：

1. 做真实的自己。

2. 让每一天都成为你的杰作。

3. 帮助别人。

4. 深入阅读好书。

5. 让友谊成为一门艺术。

6. 未雨绸缪。

7. 每天祈求指引，感谢你所遇之好运。

伍登对成功的定义不仅仅是胜利，他认为胜利是态度和准备的衍生品。伍登认为成功是"尽你所能"，而且"注重品格而非名声，因为你的品格是你真实的样子，而你的名声只是别人眼中的你"。

伍登在他精彩的教练生涯结束后（属于他自己的"成功顶峰"），用了生命中超过三分之一的时间从事有意义的工作。令人难以置信的是，在他96岁之前，他意志力仍然很强大——以渐强的心态生活，写书，每年发表二三十次演讲，还经常与他的许多球员、朋友和粉丝见面。他于2010年6月去世，当时离他百岁仅差几个月。为了纪念他，加州大学洛杉矶分校棕熊队穿着黑色三角形的衣服，象征着他一生中传授的塑造品格的成功金字塔模型。在伍登教练多年来获得的所有奖项和赞誉中，他只希望人们记住他丰富了他的人生。

你所知道的一切，都是从别人那里学来的。世界上的一切都已经延续下来了……如果你像我一样理解它，教导他人会成为你真正的遗产。这也是你能给别人留下的最伟大遗产。这是你每天起床的动力——教导和被教导。

——约翰·伍登，《人生的游戏计划》

努力扩大你的影响圈

你可以通过扩大服务圈来扩大你的影响圈。

——约瑟夫·格雷尼，《影响力2》作者

积极主动的人聚焦他们能够改变的事情——他们把精力集中在自己的影响圈内。有了正能量，他们就能在不断扩大的圈子里扩大自己的影响力。

每个人都有独特的天赋和才能，可以在自己的影响圈内为特定的人提供帮助。总有一个理由去拓展、学习、贡献和扩展，并帮助别人为他们自己做同样的事情。这样做可以让生活变得令人兴奋和有价值。

没有人是座孤岛，自成一体；每个人都是大地的一部分……因此，不要问丧钟为谁而鸣，它正是为你而鸣。

——约翰·多恩

1782年，威廉·威尔伯福斯是英国议会中一名年轻而受欢迎的议员，他觉得有必要提出一项废除英格兰奴隶制的法案。然而，几乎所有的国会议员都代表着奴隶贸易的利益。他们怨恨威尔伯福斯拒绝放弃他的法案，并一次又一次地轻易地否决了它。

当威尔伯福斯与他以前的导师约翰·牛顿重逢时，他对废奴事业的决心更加坚定了。牛顿早年曾是一名贩奴船船长，是一个无情的商人，也是造成奴隶制苦难的无情参与者。为了对他所过的罪恶生活进行某种形式的忏悔，牛顿彻底放弃了奴隶贸易，成为英国国教的一名牧师。他继续创作了《奇异恩典》（*Amazing Grace*），这是有史以来最经久不衰的民谣赞美诗之一。

威尔伯福斯开始唤醒他的立法同僚们的同情心和基督教根基，展示奴隶手铐、脚镣和烙铁的证据——这样他们就可以亲眼看到残酷的现实。还有一次，他带着政府官员和公民去郊游，让他们亲眼看到贩奴船的恐怖，嗅到死亡的气息。

在20年的时间里，威尔伯福斯的努力慢慢开始影响更多议员的良知，他的影响力扩大了。更多的议员开始重新考虑他们的立场。1806年，时机终于成熟，威尔伯福斯废除英国奴隶贸易的法案以283票对16票的压倒性优势获得通过。尽管议员们几十年来一直强烈反对他，但他们都站起来，疯狂地为他欢呼，因为他从未放弃自己的崇高事业。

奴隶贸易现在是非法的，但国会在漫长的26年里仍然拒绝禁止奴隶制。威尔伯福斯再次被迫顽强战斗，最终，在1833年，下议院在整个大英帝国禁止奴隶制。信使们急忙把这个好消息告诉了病入膏肓的威尔伯福斯。三天后，他去世了。

最初，威廉·威尔伯福斯在他的立法同僚中没有权力或影响力来推动废除奴隶制。然而，在他努力为之工作了20年之后，他的同事们看到了他支持这一崇高事业的真诚；最终，就像向外延伸的渐强标志一样，他的影响范围不断扩大，直到触动了整个议会，并永远地改变了历史。努力以渐强的心态生活意味着你要为支持有需要的崇高事业而奋斗，当你这样做时，你自己的影响圈会扩大，并会带来很多正面作用。你可能做不到威尔伯福斯这样的程度，但这是你独特的、"最重要的工作"的一部分，你的成就仍在前方。

> 一小部分意志坚定的人，在对自己的使命抱有无尽信念的情况下，可以改变历史的进程。
>
> —— 圣雄甘地

找到自己的心声，帮助别人找到他们的心声

在写了《高效能人士的七个习惯》15年后，我觉得有必要再加上第八个习惯："找到自己的心声，并激励他人去寻找他们的心声。"在你找到自己的心声之前，你无法有效地帮助别人找到他们的心声。只有找到自己擅长的事情，才能帮助别人为其做同样的事情。

为无法报答你的人服务，在有机会让他人成长和学习的时候为他们提供经济资助；在他人看不到自身潜力的时候让他们看到自己独特的潜力；在孩子们一生的成长过程中给予信任和鼓励，所有这些以及其他更多的善举，都会帮助人们成为他们想成为和可以成为的人。

> 我们就像鹅卵石一样掉进彼此灵魂的池塘里，我们涟漪

的轨迹不断扩大，与无数人交汇。

——琼·鲍里森科

想象一下，如果每个人在人生的每个阶段都这样做，会对世界产生怎样的影响；就像多米诺骨牌效应或池塘里的涟漪——一个接一个——积极的影响会一直持续下去。

自1970年以来，橄榄球界有一项令人垂涎的成就，被称为美国国家橄榄球联盟（NFL）年度人物奖，它代表了职业橄榄球对慈善事业和社区服务的贡献。每年它都会表彰一位杰出的运动员，他不仅在赛场上表现出色，而且在场下自愿参加慈善工作。橄榄球史上许多人都获得过这一殊荣，包括约翰尼·尤尼塔斯、罗杰·斯托巴赫、丹·马里诺和佩顿·曼宁。

沃尔特·佩顿被认为是NFL历史上最伟大的跑卫之一，他在1977年因其基金会帮助伊利诺伊州受虐待、被忽视的贫困儿童而被授予该奖项。佩顿说：

孩子们总能给我带来巨大的快乐，我认为如果你能在他们还小的时候就让他们做出改变，他们之后的生活就会彻底不同。很多研究表明，对这些孩子的一个善举，会有40%的概率让他们的人生产生完全不同的结果。你的善举会让他们相信一些事情，相信他们自己。

119

1999年，45岁的佩顿因癌症去世，NFL将该奖项更名为沃尔特·佩顿NFL年度人物奖，以纪念他。2015年，安泉·博尔丁获得该奖项，成为第一个获得该奖项的旧金山49人队成员。博尔丁个人非常出色，在他14年的职业生涯中，他四次获得该奖项提名。他在三个不同的社区进行他的慈善工作。

在他获得该奖项的几年前，博尔丁已经建立了一个基金会，致力于扩大贫困儿童的教育和生活机会，包括夏季充实计划、感恩节食品募捐、返校和假日购物活动等。2014年，博尔丁和妻子迪翁向该基金会捐赠了100万美元。其中最重要的是博尔丁提供的13项为期4年的奖学金，每项资助1万美元，用于帮助那些想要接受高等教育的学生。

博尔丁谈到他不仅仅想通过橄榄球运动，还想通过回馈社会来产生影响。

我刚进NFL的时候没人告诉我该怎样生活。我过着我想要的生活！我实现了我的梦想——有一天能进入NFL，但我很快意识到那不是生活的全部。我意识到我的人生目标不是去参加橄榄球联盟并达阵得分。我存在这个世界上是为了追寻更大的意义，现在我意识到并明白我的目的是什么了……这是我的心愿，也是我的希望，我可以用我的余生来服务大众，帮助尽可能多的人。

在他不断扩大的影响圈内，他对年轻人产生了巨大的影响，让他们有了更充分的机会去活出属于自己的人生！

水池中的涟漪

你身边有以你为导师的人吗？他们是否有人在生活中需要你的支持、信任和鼓励？找出这个人。然后花时间和他们在一起，了解他们——他们的目标、梦想，什么对他们来说是重要的——然后开始帮助他们找到自己的心声。要意识到，作为一个致力于帮助他人的人，虽然你并不面临他们遇到的挑战或问题，你只是作为帮助、指导和灵感的来源，可你会惊讶地发现，花这么少的时间和精力就能对别人的生活产生重大影响。

无论你给这个人提供了什么——你的兴趣、时间、信念、技能——都能让他们走上正确的道路，发现自己的激情和心声。当你看到他们进步和成功时，你也会感到一种深深的喜悦。如果你认识一些人，你可以帮助他们找到他们的心声，但对如何去做还没有信心，请允许我列出一个简单的过程。首先问四个基本的问题来确定他们的需求以及你如何能最好地帮助他们：

1. 了解他们在生活中是如何做的，特别是他们如何应对挑战。

2. 询问他们目前对想做的事情了解多少。

3. 根据他们的情况和他们所学到的东西，帮助他们确定目标。

4. 问问你自己为他人达成目标能做些什么。

当别人感觉到你被他们影响时，当他们觉得被你理解时，你就会真正开始产生影响，你就会深刻而真诚地倾听，你就会敞开心扉。永远记住，你所做的比你所说的更重要。

威廉·埃内斯特·亨利的父亲在他很小的时候就去世了，留下六个孩子给威廉的母亲照顾。孩提时代，亨利就读于英格兰格洛斯特的地堡学校，在五年的时间里，他受到一位名叫托马斯·爱德华·布朗的杰出校长的指导。布朗是一位诗人，他是"我所见过的第一个天才"。亨利和布朗结下了终身的友谊。亨利后来写道："布朗对我特别好，尤其是当我最需要关爱而不仅仅是鼓励的时候。"

当他只有12岁的时候，亨利患上了骨结核，最终导致他的左腿从膝盖以下被截肢。这种疾病还影响了他的右脚，导致他在医院住了三年。但亨利的老师点燃了他内心的火焰，让他探索并创作自己的诗歌。虽然亨利最终在53岁时死于肺结核，但他的诗歌却经久不衰，鼓舞并影响了许多人。

多年后，亨利最著名的诗歌《不可征服》（*Invictus*）成为南非被囚禁者纳尔逊·曼德拉的灵感源泉。曼德拉最终影响了南非以及数百万打破种族隔离制度的人的生活。

一个人影响另一个人——一种心声激发了另一种心声。

让世界变得更美好

我们无法界定我们何时完成了最重要的工作或做出了最重要的贡献；这就是为什么我们需要在人生的各个年龄段和阶段不断地学习、尝试和进步，尽管会遇到各种困难。我们必须避免总是回顾我们过去所获得的成绩，而是要以乐观的态度展望我们仍然可以做的事情。

> 我们为自己所做的事会随我们而去。我们为他人和世界

所做的一切，则是不朽的。

——阿尔伯特·派克

我们都知道有些人很幸运，他们拥有金钱、名声、天赋和资源，在达到成功的顶峰后做了很多善事。尽管"你不能把钱带走"，许多人的生活仍然像一对老夫妇开的一辆异国情调汽车上的贴纸一样，自豪地宣称："我们正在花我们本该留给孩子们的钱！"

保罗·纽曼是"以渐强的心态生活"的缩影，他始终如一地坚信自己最重要的工作仍在前方。纽曼是一代又一代影迷的偶像，他在50多年的时间里出演了65部电影。尽管他在1987年获得了奥斯卡最佳男主角奖，当时他62岁，但他不顾退休，一直工作到70多岁，在77岁时拍了他的最后一部仍担任主角的电影。他一直工作到2008年，后因癌症去世，享年83岁。尽管他的演艺生涯星光璀璨，但他最大的快乐和满足来自他的慈善工作。

在1980年的圣诞节，纽曼和他的朋友霍奇纳决定调制一些油醋沙拉酱作为礼物。到了次年的二月，邻居和朋友都来敲纽曼的门，要他再调制一瓶。当地的一个杂货商建议，要想卖得好，唯一的办法就是把保罗·纽曼的"人像"印在商品上。

纽曼从未想过要推销自己，一开始他对这个想法犹豫不决。他对霍奇纳说："如果我们这么做了，把我的照片贴在一瓶油醋酱上，只为了拿到更多的资金，那会很低级。""但是，为了慈善，为了共同的目标，只有这么做才能换得更有意义的成果——现在有一个值得努力的想法，互惠贸易协定！"

纽曼相信他有独特的机会通过这次努力使世界变得更美好，他热情地宣称："让我们把这些都送给那些需要的人吧！"他把每一分钱都捐给了慈善事业，他解释道："你的衣柜里只能放这么多东西。"就这样，以"为共同利益的无尽追求"为口号，纽曼以自己名字命名的商标诞生了。这家公司取得了巨大的成功，几周内就卖出了1万瓶沙拉酱，到当年底销售额已超过320万美元。

从一开始，纽曼自有品牌就承诺将100%的税后利润捐赠给慈善机构，因为正如纽曼所说，"这是一件正确的事情"。10年后，超过5000万美元被捐赠给慈善机构。而纽曼自己却总说，让他感到尴尬的是，他的沙拉酱赚的钱比他的演艺事业赚的钱多得多。

> 需求是巨大的，改变的机会也是巨大的……还有什么比
> 向那些不如你幸运的人伸出援手更美好的呢？
>
> ——保罗·纽曼

他的个人慈善组织，名为"墙洞帮营地"，是他最珍视的事业［以他的电影《虎豹小霸王》（*Butch Cassidy and the Sundance Kid*）中著名的帮派命名］。他将700万美元的纽曼自有品牌利润投入他的营地中，让患有严重疾病的孩子免费参加为期一周的乐趣和冒险活动。自1988年以来，超过100万名儿童参加了由30个营地和项目组成的活动，使得该组织成为世界上最大的全球家庭营地组织。为了让那些一年中有

好几个月病重或住院的孩子们恢复童年，此慈善组织为孩子们提供了钓鱼、游泳、露营、骑马、制作工艺品的机会，让他们可以尽情享受童年乐趣。纽曼的目标是创造一个充满希望的乐园——一个让孩子们发现，尽管身患疾病，他们的生活也充满了各种可能性的乐园。

纽曼观察了那些参与其中的人。"你认为你为孩子们创造了一些东西，"他说，"你会发现，那些为这些孩子服务的人得到的要比他们付出的多很多。"他曾经讲过这样一个故事：有一天，他走到营地的食堂，一个小女孩拉着他的手，抬头看着他说："你知道吗，纽曼先生，这一整年都因这一周而变得精彩！""这就对了！"他说，"这才是你生活中真正想要的！还有什么比向不如你幸运的人伸出援手更美好的呢？"

保罗·纽曼是"以渐强的心态生活"的典范，他在成为一流演员后创作了他最重要的作品。自2008年他去世以来，他的家人、员工和支持者仍在经营他的基金会，就像他希望的那样，把所有的钱都捐出去。纽曼自有品牌帮助建立了鼓励企业慈善事业委员会，并一直支持安全水网络（the Safe Water Network）、探索中心（the Discovery Center）及其他促进营养教育和新鲜食物获取的组织，改善军人、退伍军人和他们的家庭的生活质量，以及许多许多其他有价值的事业。纽曼自有品牌生产超过300种产品，获得了2.2万笔赠款，总计超过5.7亿美元（至今还在不断增长），捐赠给数以千计的慈善机构，改善了世界各地数百万人的生活。

2018年1月，该基金会呼吁各地的人们成为"纽曼主义者"，通过行善、做好事，以及以其他方式向他人伸出援助之手。"通过要求人们做出善意的行为，我们希望传播这样一个理念：慈善事业不仅仅是钱的问题。这意味着我们每个人都可以做一些事情，使我们的世界变得更美好。"纽曼自有品牌的总裁解释说。

> 我们对自己的生活如此挥霍……我不是为了做圣人……
> 我只是碰巧认为，生活中我们需要有点像农民，把得到的东
> 西再放回土壤中。
>
> ——保罗·纽曼

许多人都熟悉穆罕默德·尤努斯和他的"微额贷款"模式，这种模式给数百万试图摆脱贫困的人带来了希望。尤努斯1940年出生在与印度东北边境接壤的孟加拉国的一个小村庄，在家里的14个孩子中排行老三。他的父亲鼓励他去接受高等教育，但对他一生影响最大的却是他母亲。他母亲会帮助经常求助于他们家的穷人，这为尤努斯树立了榜样。是他母亲激发了他帮助消除贫困的愿望。

1974年，孟加拉国正处于一场可怕的饥荒之中，数千人活活饿死。当时，尤努斯是吉大港大学的一名年轻的经济学教授，他很快意识到，自己教授的理论无法解决教室外的毁灭性现实问题。

"我教授的经济学理论没有任何东西能反映我周围的生活。我怎么能继续以经济学的名义给学生们讲虚构的故事呢？我需要逃离这些理论和我的教科书，去寻找一个穷人生存的现实经济学。"

他与一位妇女交谈，这位妇女只需要借很少的钱来买竹子做竹凳。但由于她没有抵押品，她被认定为高风险顾客，银行不会以合理的利率贷款给她。她被迫以高得离谱的利率从中间人那里借钱——通常一周高达10%——只剩下一分钱的利润。这些钱勉强够她活下去，使她陷入了无休止的贫穷循环中。

尤努斯意识到贫穷的企业家永远不可能在如此高的利率下摆脱贫困，他从自己的口袋里拿出相当于27美元的贷款给村里的42名妇女，然后她们每个人从贷款中获得0.2美分的利润。他发现，用这一点点钱不仅可以帮助他们生存，还可以激发他们摆脱贫困所必需的个人积极性和进取心。尤努斯认为信贷是一项基本人权。让人们有机会在没有抵押的情况下借款，可以教会他们健全的财务原则，使他们摆脱贫困。由于穆罕默德·尤努斯的努力，小额信贷在孟加拉国诞生了。

他和他的同事们最终创立了格莱珉银行（意思是"村庄"），为极度贫穷的人提供小额贷款。这种小额信贷模式在大约100个发展中国家，甚至在美国、加拿大、法国、荷兰和挪威等国，都慢慢发展起来了。截至撰写本文时，格莱珉银行已向孟加拉国440万农村家庭提供了47亿美元。它颠覆了传统的银行业智慧，将重点放在女性借款人身上，无视对抵押品的要求，只向最贫穷的借款人发放贷款。这是一种革命性的制度，它建立在相互信任、千百万女村民的进取心和责任感的基础上。令人惊讶的是，格莱珉银行超过94%的贷款都贷给了女性，而在孟加拉国，女性在贫困中所受的影响尤为严重。事实证明，与男性相比，女性更有可能将收入用于家庭。

尤努斯曾经问一位观众，为什么人们要攀登珠穆朗玛峰。他们一致同意，有些人是为了挑战而攀登，有些人是盲人或残疾人，大多数人冒着生命危险为登顶而奋斗——然而，登顶后并没有多少钱可赚。尤努斯认为，人们的动机不仅仅是金钱或利润，还有意图。这不是典型的MBA言辞！他认为，那些想要改变世界的人，真正的动机是想让自己和他人的生活变得更好，结果比获得金钱奖励更令人满意。

尤努斯与达能合作，以几美分一杯的价格提供营养丰富的酸奶；他还与阿迪达斯合作，提供不到一欧元的鞋子。他创办了一家太阳能公司，以煤油的价格为孟加拉国100多万家庭提供电力，他还发现了一种提供健康食品和蔬菜的方法，帮助治愈该国因维生素缺乏而普遍患有夜盲症的儿童。他合作的每一家公司都经营得很好，投资者不仅拿回了自己的钱，还获得了金钱买不到的"超级幸福感"。

2006年，尤努斯因向穷人提供数百万笔小额贷款而被授予诺贝尔和平奖。到2009年，世界上超过1.28亿最贫困的人获得了这种贷款，给那些原本没有希望的人带来了希望。今天，有250多家机构以格莱珉银行的模式经营小额信贷项目，而其他数以千计的小额信贷项目也受到其原则的启发。

许多人认为，这个受尤努斯启发的小额信贷项目是过去一百年来第三世界最重要的发展！

穆罕默德·尤努斯在75岁生日前夕提出，"贫穷应该被收藏在博物馆里"。虽然他已经达到了成功的顶峰，但他仍以渐强的心态生活，对退休没有一点兴趣。实际上，随着年龄的增长，他似乎越来越有活力。

穆罕默德·尤努斯在演讲中呼吁听众采取行动："找到一种方法，帮助五个人摆脱失业。如果你成功了，就多做一些。你可能会改变世界。"他一直在推动服务他人这项事业。

个人清单

显然，我们大多数人都没有穆罕默德·尤努斯、比尔和梅琳达·盖茨、保罗·纽曼那样的才能、财富或影响力。他们的贡献是巨大的，影响了许多人——他们的影响改变了世界。但有无数不那么有名但同样成功的鼓舞人心的例子，甚至是非常普通的人，他们做了不平凡的事情，为他们周围人的生活带来了积极的影响。

你的挑战不是改变世界，而是改变你自己的世界——你自己的影响圈，你可以直接影响它，让它往好的方向发展。

把你的时间、资源和才能用到何处，取决于你自己。你可以做一些小善举，比如为免费借阅的图书馆收集书籍，和你的孙辈一起为儿童医院做羊毛毯子，或者拜访一个孤独的老年邻居，在他们的院子里种花。你可以选择每周在一个拥挤的小学班级里志愿和孩子们一起读书，组织一个小组来清理你社区里的一片废墟，或者为当地的避难所收集一些用过的衣服或冬装。即使是一个简单的小善举也是有帮助的，比如在你的车里放一些健康的零食，比如无花果或蛋白质棒，然后把它们分发给需要的人。关心那些遗忘的朋友或家人，他们需要一个鼓励的电话或拜访。在疫情期间，各地都有人主动组织自己的社区食品募捐活动，他们通常在自家的车库里发起这样的活动。在这样的艰难时刻，他们的邻居和朋友都积极响应，支持那些失去工作的人。

一名妇女在战胜乳腺癌后，去看望其他正在接受治疗的患者，给她们提供鼓励，教会她们培养积极的态度，以及坚持和战斗下去的愿望。另一名妇女则积极在网上呼吁帮助难民，收集物资，以便这些新家庭能够在他们的社区中站稳脚跟。一群高年级学生对他们每天花在玩匹克球上的时间感到有点内疚，他们决定把他们的乐趣与一些有意义的服务结合起来。"有意义的匹克球"诞生了，现在这些朋友定期参与当地的食物储备，为贫困学生制作"随身携带"的健康零食袋，为儿童医院织羊毛毯子，也做其他社区服务项目。

环顾四周，你会发现在你周围和你的影响圈内有许多服务的机会。并不一定要做一件非凡的事来产生非凡的影响——只要选择你感兴趣的事情，然后开始着手，并坚持下去。

考虑你能提供什么／你能做什么来给你周围的人带来积极的改变。看看下面的"个人清单"，发现其中的可能性。渐强心态表明，在你生命的任何阶段，为他人服务都会极大地护佑接受者和给予者。当你专注于你未来要完成的事情，不再依赖于你过去已经做过的事情时，你就可以积极地证明"最好的仍在前方"。不过，这些贡献可能是你生命中迄今为止最伟大的。

如果你具备以下这些特质，那么你就是改变世界的最佳人选：

- 时间　　· 愿望　　· 影响力

- 才华　　· 兴趣　　· 财富

- 技能　　· 愿景　　· 激情

记住你自己独特的能力和特点，仔细思考一下你身边人的需求，以及你如何做出回应。将你的答案记录在横线上。你可能会惊讶地发现你能提供的比你最初认为的要多很多。

1. 你擅长什么？你从你的职业中学到了什么？你有什么才能（或天生的品格特征）可以帮助别人？

_____

_____

_____

2. 你对什么有热情——什么对你来说很重要？你可以把这种热情传递给谁，或者你可以在哪个领域做出贡献？你可以帮助谁？

_____

_____

_____

3. 你在你的邻居和社区看到了什么需求？你具体能做些什么来满足这些需求，即使是很小的需求？

_____

_____

_____

4. 你自己的家庭情况如何（直系和代际）？你知道有哪些家庭成员——孩子、孙子、曾孙，以及其他亲属，如兄弟姐妹、堂兄弟姐妹、叔叔阿姨——在某种程度上处于困境吗？你能做些什么来帮助他们呢？

_____

_____

_____

5. 列出两三个尊敬你的人，并思考如何鼓励和支持他们，成为他们信任的导师。

_____

_____

_____

6. 你想以什么出名？你想留下什么遗产？

_____

_____

_____

7. 有了"渐强心态"和"生活就是贡献"的想法，你会选择做什么？

_____

要对自己以外的事物有所作为。

——托妮·莫里森

3

第三部分

改变人生的挫折

艰难困苦常使普通人获得不平凡的命运。

——C.S. 刘易斯

2008年8月16日，克里斯蒂安·尼尔森和斯蒂芬妮·尼尔森乘坐一架塞斯纳177飞机进行了一天的旅行，他们从未想过这次飞行将永远改变他们的生活。在亚利桑那州圣约翰加油后，这架小型飞机意外坠毁并起火。克里斯蒂安相信斯蒂芬妮也出来了，就逃离了飞机，但事实是她被火焰吞没，无法脱身。她以为自己要被烧死了，但突然，她感觉到她已故的祖母引导她的手解开安全带，并把她带到逃生出口。当她逃出飞机时，她的身体着火了，她听到她的祖母告诉她，"快爬！"

克里斯蒂安·尼尔森的背部骨折，身体40%被烧伤，但他是飞机上三人中最幸运的。道格·金纳德是克里斯蒂安的飞行教官和朋友，他的身体90%被烧伤了。在被空运到凤凰城的亚利桑那烧伤中心后，他因伤势过重而死亡。斯蒂芬妮的身体80%被烧伤。为了让他们尽快得到治疗，医生对克里斯蒂安和斯蒂芬妮都进行了昏迷诱导治疗。克里斯蒂安大约在五周后醒来，但斯蒂芬妮几乎在三个月后才恢复知觉。

2008年11月5日，斯蒂芬妮终于醒来，发现她的手、胳膊、腿和脸都被三度和四度烧伤。她的妹妹佩奇和她的母亲陪在她身边，而她的其他姐妹在照顾她的孩子，他们分别才6岁、5岁、3岁和2岁。

不久，尼尔森一家搬到了离他们孩子更近的一个烧伤中心，他们开始了身体和心理恢复的漫长旅程。斯蒂芬妮一直是一个美丽的年轻女子，起初她不敢照镜子。当她终于鼓起勇气看着自己的新面孔时，她说她"感觉自己像个怪物"。起初，她的孩子们无法面对烧伤留下的物理损伤。斯蒂芬妮说："我最小的儿子尼古拉斯两岁，他完全不记得我了。他甚至不想接触我！我的心都要碎了。我最大的孩子简脸色苍白，连看都不看我一眼。"克莱尔待在走廊里，在简警告她"不要进去"后，她没有进去。只有她三岁的儿子奥利弗似乎和妈妈在一起很舒服，开心地在她的床上玩耍。

孩子们需要时间来适应妈妈的新面孔，而斯蒂芬妮不得不接受自己当时不堪的样子。

她说："我仍然在与我的伤疤作斗争。但我记得我有多感激，因为我至少还有脸或鼻子……然后我看着我的家人和朋友，心想，'我对我还拥有的一切心存感激'。我是妻子，是母亲。事故不能夺走我的爱。我不能那么担心自己的外表，因为我身边有一个美好的家庭，这才是最重要的。他们不会把我看作一个怪人。我是我丈夫的妻子，是我孩子的母亲。我觉得自己很美，因为我拥有美好的生活。"

成千上万的"妈咪博主"响应斯蒂芬妮的故事，通过车库甩卖、气球放飞、慈善音乐会和其他筹款活动来筹集资金，以帮助她支付巨额的医疗费用。最后共收到包括中国和澳大利亚等来自世界各地超过25万美元的筹款。

在斯蒂芬妮昏迷的时候，她感觉到去世的祖母就在她身边，她记得当时她面临着一个选择：是和孩子们在一起，带着伤痛生活，还是结束生命，远离痛苦。她最终选择留下，并问她的祖母，当她回家时，她能做些什么以改变处境。斯蒂芬妮记得她的祖母只是说："分享你的希望！"

她也确实做到了。斯蒂芬妮对她不幸事故的回应并没阻止她通过"渐强心态"来激励世界各地的人用希望、勇气和耐力克服挑战。

斯蒂芬妮收到的爱和支持的信件和卡片足以填满整个房间。她不知所措，事故发生五个月后，她在博客中写道："每当我想到你们所有人的支持，我的眼泪就会喷涌而出。我爱你们所有人。"在撰写这篇文章的时候，她的博客已经拥有了3000万读者，他们每个月都在浏览她的博客，寻求力量。她在Instagram上有近10万名粉丝，他们被她的战斗精神和她令人难以置信的充实生活所激励。

斯蒂芬妮在她的《纽约时报》畅销书《天堂就在这里》(*Heaven*

Is Here）中讲述了她那令人难以置信的故事、充满希望和胜利的旅程。因为她有意识地选择保持积极的态度，创造幸福的生活，她所传达的希望鼓舞了无数人。她曾出现在《奥普拉》《20/20》和《今日秀》等节目中，受到广泛的采访，并成为一名受欢迎的励志演说家。斯蒂芬妮意识到，"我的生活可以变得苦涩，也可以变得更好"。她选择用她的经验去祝福和鼓励那些同样经历过巨大挫折的人。

> 你过的生活不一定是你唯一的生活。
>
> ——安娜·昆德兰

斯蒂芬妮把自己的生活称为"空难前"和"空难后"，因为有时她似乎有两种不同的生活。但她现在已经接受了她的新生活，并做到了"分享你的希望"。帮助那些遭受不幸的人或他们的家庭成为她的使命。

虽然飞机失事造成了惨重的损失，但尼尔森一家获得了对生命宝贵的见解。斯蒂芬妮已经从根本上改变了，她想让她的众多粉丝和朋友们知道，生活仍然可以再次美好起来。甚至，在某些方面它可以更好。

只有尼尔森夫妇自己知道，他们的婚姻得到了巩固，家庭关系变得更加密切。斯蒂芬妮写道：

> 我想让我的孩子们记住，我们的经历带来了奇迹。尽管这很困难，但我很感激，我为我们现在的处境感到自豪。我们的孩子

这么小，却经历了很多，而且非常棒。

许多人回复斯蒂芬妮的博客或给她写信，表示她重拾幸福生活的决心是值得赞许的，她也激励其他人以同样的方式面对挑战。一个女孩含泪对斯蒂芬妮说："你帮我度过了艰难时光。"

> 只有经历大起大落，一个人才能了解自己和自己的命运。
> ——约翰·沃尔夫冈·冯·歌德

那么，如果你完美计划的生活发生了重大转向，你会怎么做？你会作何反应？你会如何收拾残局继续前行？这是你不得不面对的吗？我们通常无法控制发生在我们身上的事情。然而，我们可以选择如何应对它，这会影响之后发生的事情。斯蒂芬妮仍然以渐强心态生活着，尽管结果和她预想的大不相同。就像不快乐一样，她明白了快乐是一种有意识的选择，如果你不让自己陷入失败和绝望，你仍然可以过着快乐的生活。

在这一部分中，有几个真实的故事，有广为人知的，也有鲜为人知的，他们都有改变人生的经历，但随着时间的推移和持续的努力，他们选择相信还有更多的成就和贡献等待自己去完成。虽然发生在他们身上的事情可能是悲惨的，甚至是毁灭性的，但在他们内心深处，他们选择了以渐强的心态生活，重拾活下去的力量，然后为他人服务。

像尼尔森夫妇这样的人，他们在惨痛的挫折后找回了快乐，我从他们身上找到了一些克服这种苦难的"基石"：

- 接受你的挑战

- 相信生活可以好起来 —— 有意识地选择幸福

- 寻找帮助他人的方法 —— 分享你的希望

我希望你能在接下来的章节中学习这些勇敢的例子，当你面对自己的挑战挫折时，也能重新振作起来，得到鼓励。

6

第六章

选择以渐强心态而不是渐弱心态

> 直到我们被一种隐藏的力量向前推进时，我们才知道自己有多强大。
>
> ——伊莎贝尔·阿连德

安东尼·雷·辛顿在审判开始前就被推定有罪。1985年，在亚拉巴马州的一个小镇上，安东尼被诬陷参与两起与他无关的谋杀案。虽然他有可靠的不在场证明，并通过了测谎测试，但他很穷，请不起好的辩护律师，这对他在种族偏见的社区和当地法律体系中获得公平的审判至关重要。尽管检方没有对他不利的可靠证据，但他很快被定罪，并被送往亚拉巴马州霍尔曼监狱的死囚牢房。

安东尼知道自己是清白的，他完全信任法律体系。但在被判刑后，他变得极其愤怒和绝望，他把他的《圣经》扔在他的监狱床下，决定完全封闭自我。一向坦率友好的他变得沉默不语。除他的家人和朋友之外，在漫长而痛苦的三年里，他没有和任何人交流，包括狱友或狱警。

一天深夜，安东尼被一名绝望的囚犯的啜泣声惊醒，他在呼救。就在那一刻，他内心被他有意识压抑的深切同情所唤醒。虽然他对被监禁在死囚牢房的现实无能为力，但他发现他可以做出其他重要的选择。

他后来就自己的经历写了一本书，名为《我知道光在哪里》(*The Sun Does Shine*)。"绝望是一种选择，"他说，"仇恨是一种选择。愤怒是一种选择。我惊讶于自己仍然有选择……我可以选择放弃，也可以选择坚持。希望是一种选择。信仰是一种选择。同情是一种选择。最重要的是，爱是一种选择。"

在这个具有启示意义的时刻，安东尼意识到："我可以选择联系……或者独自待在黑暗中……我生来就拥有人类的天赋——去帮助他人，减轻他人痛苦的本能。这是一种天赋，我们每个人都可以选择是否运用这种天赋。"

通过牢房的铁栏，安东尼打破了三年的沉默，安慰了一个母亲刚刚离世的悲伤的因犯。他整晚都在听一个完全陌生的人讲他母亲的故事，并给了他坚持下去的希望。安东尼决定是时候重新燃起自己的希望之光了。他掸去床下的《圣经》上的灰尘，承诺继续忠于自己的价值观和为人，尽管生活在死因牢房的残酷现实中，他也不会向深深的绝望屈服。

他做出了其他的选择。在接下来的27年里，他成了一盏明灯，不仅改变了他自己的状态，还把这种改变传递给了他的狱友。他的影响力越来越大。他在死囚区创造了一种同情的身份，让其他人也做出同样的反应；他用善良和幽默改变了身边几十名囚犯的生活，并传播了希望，正如他的律师布莱恩·史蒂文森所相信的那样，"除了最糟糕的行为之外，每个人都有更多被注意到的那一面"。

安东尼每天都在努力保持积极的心态，年复一年地战斗，他通过阅读书籍来丰富自己的思想和想象力，在"不人道"的生活中展现了他的人性。他坚定地希望有一天真相会大白，他是清白的，他会得到真正的正义和自由。

在14年的单独监禁后，他的案件没有任何进展，但安东尼最终获得了律师和司法倡导者布莱恩·史蒂文森以及平等司法倡议团队的有力法律援助。史蒂文森立即意识到这一骇人听闻的不公，在接下来的14年里，他孜孜不倦地为安东尼辩护，提出了数十项动议和上诉。

最终，在2015年，史蒂文森罕见地赢得了美国最高法院的一致裁决，安东尼·雷·辛顿被判在所有指控中完全无罪，并在服刑近30年后被释放，成为美国被证明无罪并被释放的刑期最长的死刑犯之一。当他终于走出监狱时，他感激地向他的家人和朋友喊道："真相之光终会来到！"

和被囚禁了27年的曼德拉一样，安东尼从漫长的监狱服刑中出来时，明显没有痛苦。"痛苦会杀死灵魂，"他解释道，"怨恨对我有什么好处呢？"他有意识地选择原谅那些起诉他的人。"他们夺走了我的30岁、40岁、50岁，但他们夺不走的是我的快乐！"

虽然他对自己被监禁的几十年深感遗憾——错过了发展事业、结婚生子的机会，这些都是他一直想要的——但他没有让这些负面后果吞噬他，毁掉他的余生。安东尼认为，"我们必须找到在坏事发生后自我修复的方法"。他深信，未来还有只有他自己能做的重要工作——为那些同样遭到不公正起诉和监禁的人而奋斗。

出狱三年后，安东尼写了一本令人不安但意义重大的回忆录:《我知道光在哪里》，此书立即成为《纽约时报》的畅销书。书中讲述了他在死囚牢房的艰难历程，他不仅学会了如何生存，而且找到了一种活下去的信念。

安东尼的故事表明，无论我们面临多么可怕的环境或挑战，我们仍然有其他选择的权利。我们可以选择像他一开始想的那样，"以渐弱的心态生活"，到头来就会发现我们自己被消耗了。

尽管他经历了种族主义法律体系的错误定罪，但最终没有人能夺走安东尼选择使用他的信仰、希望、头脑、想象力、同情心、幽默和欢乐的能力。当我们在生活中也做这些选择时，我们的影响力得以延伸，我们的生活开始在渐强心态中变得铿锵有力。

现在安东尼把他的时间用于他作为活动家和倡议者的工作。他已经成为一名杰出的演说家和强大的社区教育家，与布莱恩·史蒂文森和平等司法倡议团队合作。他们努力实现刑事司法改革和法律体系的平等，这样其他无辜者就不会像安东尼那样遭受痛苦。由于他的重要使命是与不公作斗争，他的生活和影响圈不断扩大，对那些从他的勇敢斗争、选择和胜利故事中学习的人来说，安东尼就是他们生活中的一束光。

选择的能力不能被剥夺，甚至不能被放弃——它只能被遗忘。

——格雷戈·麦吉沃恩

如果你还没有犯过大错，或需要重启一次生活，那么很可能你活得还不够长。挫折是不可避免的。我发现，从那些做出错误选择的人——或那些遭受痛苦的人，或那些被残酷的命运所折磨的人身上学习，是很鼓舞人心的，他们会给自己一个喘息的机会，原谅自己或他人，改变当下的生活，然后帮助别人也这样做。

纳尔逊·曼德拉非常简洁地总结了这一点："不要以我的成功来评价我；以我跌倒又爬起来的次数来评价我。"南非因为他而彻底改变了。

这正是我们可以改变世界的方式——有时只需要一个人就能引发改变世界的多米诺骨牌效应。正如我们将看到的，给自己或他人第二次机会，往往就是奇迹发生的时刻。

第二次机会

2011年9月5日，安娜·贝纳蒂做了一个永远改变她人生的愚蠢决定。作为科罗拉多州立大学的一名新生，她陷入了一种危险的学校文化——跳火车寻求刺激。几次成功后，她看到一个朋友因为爬不上去而被拖到火车旁边。幸运的是，他及时滚走了，但安娜继续跑，没有意识到后面的另一个朋友在喊她不要跳，因为火车开得太快了。

噪声太大，她根本听不到他说话。安娜把右脚放在火车车厢边上，左腿在地上拖着。意识到自己快撑不下去了，她做了唯一能做的事——放手。但她并没有像她的朋友那样从火车上滚开，而是两腿陷了下去。她听到股骨断裂的声音，以为自己要死了。

幸运的是，一名医疗技师和一名护士都在他们的车里等着火车通过。他们迅速赶到，按住她的腿止血。那个试图警告她的朋友碰巧是一名前军医，令人惊讶的是，他的背包里有一套新的止血带。他用止血药救了她的命。

她的左腿被完全截断，右腿只剩下一半。这是一个改变她一生的可怕时刻，残疾将永远伴随她的一生。

在她出事之前，安娜描述自己是一个悲伤、痛苦的女孩，她冷漠、急躁、愤世嫉俗，患有厌食症。她对一群小学生说，她从来不喜欢循规蹈矩，"这就是我坐在轮椅上的原因"。今天，她告诉孩子们她的经历和她学到的教训，希望他们能从她缺乏判断力的故事中有所领悟。孩子们被她吸引是因为她的勇气和幽默感——这些品质帮助她活了下来。她拿出一张她兄弟姐妹的照片，苦笑着说："我以前是姐姐，现在我是小妹妹了！"他们显然被她的故事吸引住了，因为她警告他们不要做出愚蠢的选择，尤其是当你知道有更加正确选择的时候。

在学生们全神贯注的情况下，她告诉他们她对新的现实的反应。"从医院回家的第一周，我真的很生气，意识到我必须做出选择。要么止步不前，什么都不做，只是自怜自己为什么我没有腿，要么选择勇敢活下去。你要么放弃，要么起来！回家的第二周，我决定从那一天起承担我该做的。"

安娜设法给了自己第二次机会。她列了一些她还能做的事情的清单，她惊讶于这个清单的长度。安娜开始骑自行车、举重、打保龄球、骑马、游泳、攀岩、坐着滑雪，甚至蹦极。她在椅子上学会了倒立和后轮滑行。事故发生四个月后，安娜决定回到她失去双腿的地方。她原以为在那里会感到愤怒和恐惧，但她却感到平静。她还拜访了那些救过她命的消防员，她坐在轮椅上跳舞给他们看，这是她以前从未做过的事。

虽然安娜接受了11次以上的手术才恢复到了今天的水平，但自从事故发生后，她已经懂得如何充实地拥抱生活，保持忙碌的日程，所有这一切让认识她的人感到振奋。当她觉得自己已经受够了苦，有更糟糕的健康问题需要处理时，她的饮食失调症消失了。安娜现在通过一个体育项目指导其他残疾人，每周指导一次青年交响乐团的成员弹奏吉他、钢琴和巴松。当她终于能够再次和她的老朋友们出去玩时，他们对她以如此积极的态度对待她的新生活感到震惊。"奇怪的是，我现在比有腿的时候快乐多了，"她说，"我一直对人们这么说。我现在的样子就是我原本的样子。这才是真正的我。"

> 让自己高兴起来的最好方法就是让别人高兴起来。
>
> ——马克·吐温

安娜最终在《今日秀》上接受了安·库里的采访，并分享了她鼓舞人心的信念："生活不会因为这样的意外而结束，"她说，"我选择克服它，继续前进。"当安娜被要求与她的大学同学交谈时，她表达了对生活的感激之情，并鼓励他们在做决定时倾听自己内心的声音。"跟着你的直觉走，"她建议，"不管情况如何，如果觉得有些事不对劲——

你晚上一个人走在回家的路上；你准备一边开车一边发短信；或者你喝了酒却要开车——请千万不要这样做！你将用余生为这样的错误付出代价。"

安娜的"我能行"的态度显示了积极的力量，她相信发生在她身上的一切终将过去。她可以，也确实可以过着充实的生活，拥有美好的未来。她没有把注意力放在失去双腿的那一天。值得注意的是，尽管有巨大的挫折，她的生活实际上是在延伸而不是缩小。她有意识地选择了一种渐强心态，遵循了一些我们都应该采取的原则：

- 原谅自己，继续前进

- 保持幽默感

- 跟随你的直觉——听从你内心的声音

当你思考书中"改变人生的挫折"这一部分所分享的故事，以及你做出的勇敢选择时，请记住这个重要的原则：你不仅是环境的产物，而且也是你积极主动的决定的产物。

我一直很喜欢这句深刻的话：

> 两个人从监狱的铁栅栏望出去；
>
> 有人看到泥泞，有人看到星星。

我们在当前环境中所看到的景色将会很大程度上受到我们所选视角的影响。往下看，我们可能只看到泥泞和沙洲；而向上看，我们可以看到来自太阳、月亮和星星的光束。我知道很多人感觉被他们的环境和发生在他们身上的事情所囚禁，其中大部分是他们无法控制的。然而，将他们关在"监狱"里的栅栏很少是有形的——如果有的话，几乎没有什么有形的障碍或限制是不能调整甚至解除的。

> 生活就像一次旧时的火车旅行……延误、侧道、烟尘、煤渣和颠簸，只是偶尔穿插着美丽的景色和令人激动的加速行进。你要感谢上帝让你拥有这段旅程。
>
> ——詹金·劳埃德·琼斯

伊丽莎白·斯玛特被绑架的时候，她活在每个父母的噩梦中。一个14岁的孩子完全消失，对她的家人和每个听说过这件事的人来说都是可怕的。但这恰恰是发生在历史上最受关注的儿童绑架案之一。

2002年6月5日，伊丽莎白·斯玛特消失得无影无踪，在自己的卧室里大半夜被人持刀带走。她被绑架的恐怖案件和随后的救援行动引起了媒体的极大关注。但绑架她的人逃过了当局的追捕，并将她囚禁在离她家仅4.8公里的地方。

在接下来的九个月里，伊丽莎白将不得不忍受这一切，这是她万万没有想到的。"这简直是在地狱里逗留！我在14岁时的完美世界里睡觉，醒来时身边的男人却是魔鬼。"她后来写道。她发现绑架她的布莱恩·大卫·米切尔和旺达·巴切并没有想要赎金来换取她的释放的意思。相反，她将成为他们疯狂生活的一部分，成为米切尔的一夫多妻制妻子和巴切的奴隶。伊丽莎白经常受到威胁，如果她试图逃跑，她就会死，她的家人也会死。她认为，唯一能让她最终获得自由的方法就是在许多年后，比囚禁她的人活得更久。

在接下来的几个月里，伊丽莎白忍受着饥饿，像动物一样被锁在肮脏的环境里。她不断遭受各种折磨，在被囚禁期间，她每天都被一个年龄足以当她父亲的邪恶男人强奸。

伊丽莎白觉得自己彻底破碎了。她知道这不是她的错，但她想知道在发生了这样的事情之后，是否还会有人爱她。这时，她想起了几个月前当她感到被朋友冷落时，母亲对她说的话：

> 伊丽莎白……只有少数几个人是重要的。上帝，还有你爸爸和我。上帝永远爱你，你是他的女儿，他永远不会背弃你，对我来说也是如此。无论你去哪里，或你做什么，或发生任何其他可能发生的事情，我都会永远爱你。你永远都是我的女儿，没有什么能改变这一点。

伊丽莎白后来记录了那个重要的时刻：

> 我意识到我的家人仍然爱我，这成为我人生的转折点。事实上，这是我九个月来最重要的时刻。就是在那一刻，我决定无论发生什么，我都要活下去……为了活下去，我愿意做任何事。

九个月来，她的家人和朋友继续与警方合作，尽可能地让公众持续关注这件事。她九岁的妹妹在她被绑架时一直在她旁边的床上，最后她认出了绑架者就是那个无家可归的人，他几个月前在他们家做过一些维修工作。她描述的资料被约翰·沃尔什（他自己的孩子几年前被绑架和谋杀）放在美国头号通缉犯网站上，2003年3月12日，终于有人从电视上认出了米切尔，并报了警。

当警察问"你是伊丽莎白·斯玛特吗？"的时候，由于绑架者的威胁，伊丽莎白仍然害怕暴露自己的身份。但她后来写道：

> 有那么一刻，我的世界似乎完全停止了……我感到平静。我觉得心安。几个月来的恐惧和痛苦似乎在阳光下融化了。我感到一种甜蜜的自信。我又做回了我自己。

但伊丽莎白的故事并没有以获救而就此止步。她的苦难经历带来了积极的社会影响，全美各地的执法机构现在对失踪和被拐儿童的调查都有了很大改进，因为他们从她备受关注的案件中学到了很多。

10年后，伊丽莎白写了《我的故事》（*My Story*）（与克里斯·斯图尔特合著），这本令人难以置信的回忆录详细描述了她的经历：

> 我试图鼓励其他幸存者做他们想做的事情，不要让一些超出他们控制范围之外的事情毁了他们的余生……这不是他们的错。发生在他们身上的事情并没有让他们变成异类，或者改变他们自己……任何时候开始生活都不晚……我们可能会意识到，还有更

151

多的奇迹存在于我们的生活中……在所有的痛苦中，我终于找到了一线希望。

伊丽莎白勇敢的选择和卓越的影响力在她被绑架之后继续扩大，正如我们将在以下小节中看到的。

先改变自己

我在谈判中学到的一件事是，除非我改变自己，否则我无法改变别人。

——纳尔逊·曼德拉

除了维克多·弗兰克尔，我个人崇拜的另一个人是纳尔逊·曼德拉，我相信他也是"以渐强的心态生活"的最高典范。尽管曼德拉被囚禁了27年，但他后来成为南非第一位黑人总统，结束了可恨的种族隔离时代。

在监狱漫长而看似浪费的岁月里，他真的相信他最伟大的成就还在前方吗？他估计也不确定。尽管他可能没有想到自己会成为自己国家的伟大领袖，但他在苦难中仍然坚持自己的价值观，扩大了自己的影响圈，改变了自己的思维模式，并以极强的自尊忍受着命运的不堪。在狱中，曼德拉变得非常有自我意识，并最终变成了一个比27年前进入监狱大门时更伟大的人。他是怎么做到的？

曼德拉在1964年被判犯有破坏罪，并被判处终身监禁。他被转移到开普敦附近苛刻的罗本岛监狱，在这27年的头18年里，他被关在一个小牢房里，地板当床，桶当厕所，同时被迫在一个采石场做苦役。有段时间，他一年只能见一位访客，每次30分钟，每半年只能收到一封信。他在潮湿的环境中感染了肺结核，最终被转移到另外两所监狱，在那里又待了9年。

虽然狱中禁止引用曼德拉的话或发表他的照片，但曼德拉和其他反对种族隔离的领导人却能把指导反对派运动的信息偷运出去。正是在监狱里，他受到了威廉·埃内斯特·亨利的诗《不可征服》的影响，这首诗激励他在任何情况下都要选择自己的命运。他经常把它引用给其他囚犯。

从覆盖着我的黑夜中，

黑得像两极之间的坑。

我感谢所有的神，

为我不可征服的灵魂。

在紧要关头，

我没有畏缩，也没有大声喊叫。

在命运的猛击下，

我的脑袋沾满鲜血，但绝不低头。

在这个充满愤怒和泪水的地方外，

隐约可见恐怖的阴影，

还有岁月的威胁，

可会窥见并将发现我的无所畏惧。

不管大门有多窄，

惩罚如何，

我是自己命运的主宰，

我是我灵魂的船长。

在被监禁期间，曼德拉意识到，如果他想领导南非人民，他必须首先改变自己。他到罗本岛时是一个为了获得自由而使用暴力的愤怒之人；之后却成为一个学会倾听敌人并原谅他们的人。这成为他成功推动国家进步的催化剂。

个人改变的主要来源是痛苦。挫折会带来痛苦，痛苦会指向两条路中的一条：愤怒或谦卑。

曼德拉的改变让他做了一件难以想象的事——他和他的"敌人"——南非白人卫兵，成为朋友。他学会了他们的语言，研究了他们的文化，和他们一起去教堂，改变了他和他们的旧有看法。他学会了原谅。他和他们建立的友谊是真诚的，并最终持续到他生命的尽头。

1990年2月11日，南非总统威廉·德克勒克释放了曼德拉，此前他在监狱中度过了人生的三分之一时间。因为政府不愿公布他被囚禁期间的照片，他可能是世界上最著名但最不为人知的政治犯。"当我终于走过那些大门……我感到——即使在71岁的时候——我的生活又重新开始了，"他后来在自传中写道，"我知道如果我不把痛苦和仇恨抛在脑后，我还会在监狱里。"

尽管种族隔离仍然存在，但德克勒克已经开始进行彻底的改革，废除种族隔离。一个充满希望和平等的新时代正在到来。第二年，令人痛恨的种族隔离法被废除。

四年后的1994年，南非举行了第一次完全有代表性的多种族选举，投票队伍从来没有这么长过。令人惊讶的是，选举是和平的，因为这个国家为了一个共同的事业团结在一起。曼德拉当选为南非总统，德克勒克是他的第一副手。

一旦"情况发生了变化"，少数白人一开始担心曼德拉总统会采取报复行动，但曼德拉立即做出了许多努力，以理解分歧并积极达成和解。

在他当选一年后的第三届英式橄榄球世界杯上，曼德拉总统在最后一场比赛前大步走进约翰内斯堡的球场，身穿绿色的跳羚队球衣，支持南非国家橄榄球队。对于种族隔离时代的黑人来说，没有什么比被鄙视的球衣和全是白人的南非白人球队更能代表压迫了。这是黑人和白人都注意到的一种巨大的和解姿态。赛后，曼德拉总统再次走上赛场，祝贺南非国家队取得胜利，并将奖杯颁给南非队长。这发出了一个强烈的信息：是时候放下敌意，举国团结起来了。

当看到他们的黑人新总统穿着这件球衣庆祝他们国家的胜利时，以白人为主的6.3万名群众跳起来，高喊："纳尔逊！纳尔逊！纳尔逊！"

曼德拉于2013年12月5日去世，享年95岁，是全球牺牲与和解的领袖。1993年，他与德克勒克一起获得了诺贝尔和平奖。南非以全国服务日的方式纪念曼德拉的一生，这反映了他67年的行动主义和公共工作。曼德拉充满挫折和最终胜利的一生完美地诠释了在遭受挫折后如何以渐强的心态生活：

- 在试图改变他人之前，先改变自己（从内到外）
- 把痛苦和仇恨抛在身后，不要让自己陷入困顿与绝望
- 用宽恕的力量治愈伤痛，朝着你的目标前进

> 我是一个彻底的乐观主义者……乐观的一部分是向阳而生，同时脚踏实地地前进。在许多黑暗的时刻，我对人性的信念受到了严峻的考验，但我不愿也不能让自己陷入绝望。因为那对我来说意味着失败和死亡。
>
> ——纳尔逊·曼德拉，《漫漫自由路》

和曼德拉一样，即使在很小的时候，伊丽莎白·斯玛特也拒绝让悲惨的过去定义未来。回到家的那天，母亲给了她重新找回幸福的最佳建议：

> 伊丽莎白，这个人做的事太可怕了。没有任何言语能够形容他是多么邪恶！他夺走了你九个月的时间，而这段日子再也无法

挽回。但你能给他的最好的惩罚就是让自己快乐……继续你的生活……所以，快乐吧，伊丽莎白。如果你为自己感到难过，如果你沉湎于所发生的事情，如果你紧紧抓住痛苦不放，那会让他夺走你更多的生命。所以不要这样做！……你要把每一秒都留给自己……上帝会处理好其他的事情。

伊丽莎白·斯玛特获救六年后，她勇敢地作证，痛斥布莱恩对她所做的一切，包括她每天忍受的性虐待。在宣判时，她告诉他："我知道你认识到你做错了。你做这件事完全知情。但我想让你知道，我的生活很美好。"

最终，为了更好地从阴影中走出来，伊丽莎白做出了和安东尼一样的决定，选择了直面她的苦难：

> 我只是做了一个选择。人生对我们来说都是一段旅程。我们都面临考验。我们都有起起落落。我们都是人。但我们也是自己命运的主人。如何应对生活是由我们自己决定的。是的，我本可以允许自己被发生在我身上的事情所打倒。但我很早就决定，我只有一次生命，我不会浪费它。

伊丽莎白通过她的信仰和信念，通过她的家人、朋友和社区的爱和支持，通过骑马、照顾马匹和弹奏竖琴，找到了她通往治愈和幸福的道路。

她还认为，通过对生活中美好的事物表达感激，她获得了原谅囚禁她的人的勇气和力量。她懂得了原来感恩和宽恕是治愈和享受生活的有力工具！

重建你的生活

"戴夫杀手面包"（Dave's Killer Bread, DKB）是一种美味健康的面包，如今在美国的许多杂货店都能买到。你可能已经注意到包装上一个肌肉发达的男人弹吉他的图片，并看到了背面戴夫的鼓舞人心的救赎故事。但他的独特故事还不止如此。

20世纪70年代，戴夫的父亲吉姆·达尔在俄勒冈州波特兰市买下了一家小面包店，该店在某种程度上成为小麦面包的先驱者，用全谷物烘焙各种美味的品种，不含动物脂肪——这在当时是罕见的。吉姆的两个儿子，格伦和戴夫，和他们的父亲一起在面包店工作，但戴夫不安分、叛逆，对家族企业没有热情。他还患有严重的抑郁症。为了应对自己的状况，戴夫开始吸毒，他的生活变得一团糟。他因持有毒品、入室盗窃、袭击他人和持械抢劫而被捕，最终被判在州监狱服刑15年。

与此同时，格伦从他父亲那里接手了这家面包店，并把名字改成了"自然烘焙坊"。之后，戴夫最终完成了康复计划，并在2004年获得了提前释放的资格。

令人惊讶的是，戴夫的家人对他的回归表示热烈欢迎，他的哥哥给了他最需要的东西——一份工作。戴夫感谢格伦给了他第二次机会，过上全新的生活。第二年，戴夫和他的一个侄子去波特兰农贸市场尝试售卖戴夫研制的一种特殊面包。他们很快就卖光了几十种面包，于是"戴夫杀手面包"诞生了。

到了秋天，戴夫的杀手面包产品已经出现在波特兰商店的货架上。该公司最初只有大约35名员工，但后来发展到300多名。DKB现在可以在美国和加拿大各地买到，拥有超过40万名"面包粉丝"的忠实追随者。

DKB之所以脱颖而出，是因为它独特的理念："我们给顾客提供第二次机会，为他们的生活创造持久的改变。"

> 我们相信每个人都有能力创造辉煌。我们相信重塑的力量，并致力于将第二次机会变成持久的生产力。我们的使命是创造变化。太多的好雇主不愿意做出承诺，而太多的有潜力的人在劳动力市场上被抛弃——那些有动力、有决心、有成功意愿的人。
>
> ——戴夫·达尔

戴夫杀手面包公司三分之一的员工都有重罪前科。该公司的制造主管说，他最关心的是出狱后谁会给他一个就业机会。他说，如果他们没有彻底改变自己的生活，75%的出狱的人最终会在五年内重返歧途。就业是这一过程中的一大步。

戴夫创建了"戴夫杀手面包基金会"，以促进"二次就业机会"，他认为这可以减少大规模监禁和再犯的负面影响。DKB组织了多次"第二次机会峰会"，将政府官员、非营利组织负责人和企业代表聚集在一起，帮助曾经被监禁的人消除不良影响，获得重生。DKB给那些准备改变自己生活的人一个机会——第二次机会——这种变革的力量不仅给了他们谋生的机会，也给了他们创造生活的机会。

戴夫自己也承认，他仍在挣扎，仍在与挫折抗争，努力重塑自己："你必须愿意承认并接受自己的弱点……经历了很多苦难后，一个有前科的人变成了一个正直的人，他在努力让世界变得更美好，一次可以吃一块面包。"

虽然在经历了一次改变人生的挫折后，很难重新创造自己的生活，但你要意识到这是有可能的，你可以对其他许多人的生活产生积极的影响，正如我们接下来将看到的一个名叫欧娜的女人。没有父母希望自己比孩子活得更久，但欧娜70多岁的时候，她已经目送了自己四个孩子中三个孩子的离开。她唯一的女儿在16岁时死于一场悲惨的车祸，她的两个成年的儿子在几年后死于癌症。

尽管悲伤，欧娜还是将自己的生活转向了小学教学，她对教授诗歌和写作充满了热情，这些科目在他们年轻的时候是不常见的。她富有创造力，充满爱心，慷慨大方，经常不辞劳苦地帮助那些有困难的学生和其他老师。欧娜被她的学区授予从教38年杰出教师的荣誉，她真的帮助了数百名孩子的生活，重燃了他们的自信和对学习的热爱。

从教师岗位上退休后，欧娜又重新创造了自己的生活。尽管已经90多岁了，她仍然保持着一个年轻人都很难适应的活动时间表。她早早起床在自己的菜园里干活，在人道主义中心和当地教堂做服务项目的志愿者，定期磨小麦，给生病或需要搭车的人送面包，喜欢学习新东西，十多年来一直担任社区季刊的编辑。她定期接送"老人"（尽管有些人比她还小！）去参加各种文化活动。虽然她现在正面临一些严重的健康问题，但她仍然希望有更多的时间来完成她同时在做的许多项目，包括写她的生活笔记，而且她还没有想过要很快离开这人世间。

欧娜独特的挑战使她成为一个非常耐心、善良和敏感的人。她经常停下来欣赏美丽的日落或充满活力的秋景，并写下有想法的笔记，感谢那些在她的生活中为她做哪怕是很小的善举的人。所有认识她的人都非常喜欢和钦佩她，不太了解她的人怕是永远猜不到，在她开朗积极的风度下，曾经有过巨大的痛苦和挣扎。

虽然欧娜经历了太多的挫折，但她的生命在不断扩展，并服务于他人。在经历改变人生境遇的挫折期间或之后，以渐强的心态生活意味着：

• 相信并给予第二次机会

• 永远不要放弃他人

• 有意地在你的新人生中重塑自己

我喜欢能在困境中微笑的人，能从困境中凝聚力量，并通过反思而变得勇敢的人。

——托马斯·潘恩

　　伊丽莎白·斯玛特经常把她所经历的事情比作胳膊或腿上的伤口。你可以选择彻底清洗，用药物治疗来对抗感染。它最终会愈合，尽管它可能会留下伤疤。但即使是伤疤也可能完全消失。或者你也可以选择不去管伤口。它可能会自己愈合，但也可能裂开，再次出血，溃烂和感染。

　　如何处理伤口是你的选择，改变人生的事件也是如此。欧娜通过服务他人重塑了自己的生活，伊丽莎白相信每个幸存者都必须找到自己的康复之路。你可能会选择咨询、药物或理疗，或者你可能会在一些你尚未发现的伟大事情中找到生命的意义与真谛。有了支持和关怀，伤口终将愈合。

7

第七章

找到你的"动力之源"

知道为什么而活的人几乎可以忍受任何事情。

——弗里德里希·尼采

如果你完美的生活分崩离析，你该怎么办？你会作何反应？你如何收拾残局继续前进？

我知道在一个美丽的社区里有一所被遗弃的房子，它不体面地向人展示了一段失败的婚姻。在拥有这所房子的夫妇离婚后，愤怒的丈夫为了刁难他的前妻（以及站在她一边的邻居），将房子遗弃了十多年。油漆剥落，屋顶失修，百叶窗坏损，草坪泛黄，杂草<u>丛</u>生。这个刻薄的男人不打算把房子卖给另一个家庭，因为他不想和前妻分财产。

这个男人没有为自己的生活找到一个新的目标，而是任由破碎的婚姻来定义和摧毁他。与"以渐强的心态生活"相反的是"以渐弱的心态生活"，字面意思是音量和强度的减小、变弱。我想问这个复仇心重的人，"为什么你要允许前妻影响到你的生活，还要在你的生活中占据重要位置？为什么不能在离婚后继续前进，重新开始你新的生活？"他没有接受当下发生的一切，也没有找到新的目标和幸福，反而让他的苦闷和刻薄的心态削弱他的灵魂和他的未来。

相比之下，当我了解到、听到、读到一些人面对巨大的苦难却没有被苦难摧毁时，我受到了很大的鼓舞。他们找到了每天迎接新生活的新理由。他们在不断前进中找到了目标，让世界变得更美好。

1985年6月23日，孟加里·桑库拉斯里和她6岁的儿子斯里奇兰以及3岁的女儿萨拉达从加拿大蒙特利尔登上印度航空公司的182航班前往伦敦度假。在飞机接近爱尔兰海岸时，锡克教分裂分子放置的炸弹爆炸，329名乘客和机组人员全部遇难，无一生还，这是加拿大现代史上最严重的大规模谋杀。在此事件中，没有发现任何尸体。

三年来，作为渥太华的一名生物学家，钱德拉塞卡·桑库拉斯里博士（被尊称为"钱德拉博士"）在日常生活中时常感到恍惚，难以置信他的妻子和孩子真的离开了。"我过去常常想，也许他们在某个地方着陆了——也许有人救了他们。"在过了三年后，钱德拉博士做了一个无私的决定，把他个人的痛苦转变成了一个帮助印度的机会。

"我想在我的生活中做一些有意义的事情，我需要一个目标……生活只有在我们允许它无意义的情况下才会毫无意义。我们每个人都有能力赋予生命意义，让我们的时间、我们的身体和我们的语言成为表达爱和希望的工具。"

钱德拉博士64岁时辞去了他在渥太华20年的生物学家工作，卖掉了他的房产，回到了印度。他的目标是改善偏远地区贫困人口的生活质量。他想要解决两个突出的问题：蔓延的盲症和匮乏的教育。

印度大约75%的人口——超过7.5亿人——生活在乡村，其中60%是贫困人口。在城市之外，村民们整天在烈日下工作，他们不良和失衡的饮食结构导致了大约1500万印度人失明。

钱德拉博士还了解到，这些贫困的成年人中大多数不会读书写字，他们的孩子上的是辍学率超过50%的小学。因此，钱德拉博士拿出了毕生积蓄创建了桑库拉斯里基金会（以他妻子的名字命名），以改善穷人的医疗保健和教育。他在他妻子的出生地库鲁图的一个小村庄附近，建了一所学校和一家眼科医院，占地12000平方米。

今天，桑库拉斯里基金会支持两个项目：

萨拉达·维迪拉亚姆学校（以他女儿的名字命名）是一所小学和中学，令人惊叹的是，其辍学率为零。这所学校为这些农村学生提供免费的书本、校服、餐食和体检，作为回报，他们只要求学生有学习的意愿和学习的纪律性。萨拉达学校刚开始时只有一个年级，现在已经发展到九个年级。

截至2019年1月，已有2875名农村学生免费入学，661名其他困难家庭的子女获得奖学金，在学校继续接受高中和大学教育。

一位在萨拉达学校完成学业的贫困学生说："我要感谢桑库拉斯里基金会和钱德拉塞卡博士。如果没有他们的帮助，我将是一个跟我父亲一样的劳动者。"由于他所受的教育，这个年轻人在高中考试中取得了很不错的成绩，被一所著名的工学院录取。

斯里奇兰眼科研究所（以钱德拉博士的儿子命名）现在是该地区世界级的眼科护理机构。该研究所包括五栋建筑楼，为印度六个不同的地区提供眼科保健服务。上午接送学生上学的巴士，在当天晚些时候，经常被用来把其他农村地区的眼科患者送到研究所。印度政府组织已经承认斯里奇兰眼科研究所是该国11个眼科医生培训中心之一，并为其他眼科研究机构树立了榜样。

钱德拉博士自豪地说："我们的使命是提供富有同情心的眼科护理，这对所有人来说是公平的、可获得的、负担得起的。"在病人住院期间，斯里奇兰眼科研究所提供免费的眼科检查、手术和药物、住宿和食物。其工作的灵感是"让我们为盲人的生活点亮一盏灯"。

自1993年以来，它得到了长足的发展，现在共有15个中心。截至2022年，该中心已为350万名患者提供了服务，实施了3.4万例手术，治疗了1000多名儿童，其中90%是免费提供给有需要的人的。

钱德拉博士不认为自己做的事情有何特别之处，他说："我只是一个普通人，试图尽我最大的努力帮助别人。我感觉和家人很亲近。我觉得他们就在我身边，"他补充道，"这给了我很大的力量。"

钱德拉博士无私地把痛苦放在一边，努力使他所在的世界变成一个更健康、更快乐的地方，这帮助他找到了自己的"动力之源"，并学会了如何以渐强的心态去生活。

我为我的缺陷感谢上帝，因为通过这些缺陷，我找到了我自己、我的事业和我的上帝。

——海伦·凯勒

找寻意义

没有几个人比维克多·弗兰克尔更让我钦佩了，他从德国集中营幸存下来，后来在《活出生命的意义》一书中写下了自己的经历。该书的核心理念是，人类的主要动力是寻找生活的目标和意义。虽然他遭受了巨大的痛苦，但他知道伤口最终会愈合，并坚信他仍然有重要的工作要做。

弗兰克尔并没有完全沉溺于自己被囚禁时的痛苦，而是利用他的想象力和自律，在他的脑海中看到了新的自己——实际上是在想象未来他给大学生们讲他当时所经历的事情的画面。这给了他动力和目标，让他希望一切都会好起来。通过他的经验和观察，他确信，拥有目标感、理由或"探寻的意义"——能让人在逆境中保持活力。

> 我们真正需要的是对生活态度的根本改变……我们必须教导绝望的人，我们对生活的期望并不重要，重要的是生活对我们的期望。我们要停止追问生命的意义，把我们自己当作每天每小时都被生活质疑的人。
>
> ——维克多·弗兰克尔，《活出生命的意义》

弗兰克尔后来记录说，最初，他用来评估谁能活下来的标准都是错误的。他观察了他们的智力、生存技能、家庭结构和目前的健康状况，但这些因素并不能解释个体的生存。唯一重要的变量是他们对未来的态度——在生活中还有一些重要的事情要做。弗兰克尔了解到，要想在集中营里恢复一个人的内心力量，首先需要向他展示一些未来的目标。他写道，有两个人曾认真地考虑过自杀，他们认为自己对生活没有更多的期待：

在这两种情况下，问题是要让他们意识到生活对他们的未来有所期待。我们发现，对其中一人来说，他深爱的孩子正在异国他乡等着他。另一个是……这个人是一位科学家，他写了一系列的书，但仍有待完成。他的工作不能由任何人来替代，就像另一个人永远无法取代父亲在孩子心中的地位一样……当认识到一个人是不可能被取代的时候，这个人对他的存在和它的延续所承担的责任就会大大增加。当一个人意识到他对一个深情地等待着他的人或对一份未完成的工作所负的责任时，他就永远不能抛弃他的生命。他知道他存在的"理由"，并且将能够忍受几乎任何生活对待他的"方式"。

维克多·弗兰克尔从死亡集中营中幸存下来后，他的重点，最终也是他最大的工作和贡献，就是理解找寻生命意义的重要性。他发现，这不仅是一种生存的方式，而且找到你生活的"原动力"会让你相信，每个生命都有一个独特的目标。最终，弗兰克尔博士帮助其他人发现了这一点。在他1997年去世时，写于1946年的《活出生命的意义》被翻译成24种语言，销量超过1000万册。

面对人生挫折时的宝贵经验

你有没有去过沙漠，看到过盛开的仙人掌花？仙人掌花有时被称为"大自然母亲的烟火"，因为它们的颜色是如此鲜艳。但是，一个外表多刺、丑陋的普通仙人掌是如何开出如此美丽的花朵的呢？有些仙人掌，比如萨瓜罗掌，它的枝干在特定的天气下不会生根，所以它们必须从种子开始生长，要等40年到55年才能开出第一朵花！

你能想象吗？有半个世纪没有开花，最后从一株似乎永远不可能长出任何东西的干植物上开出如此美丽的花朵。这对于面对生活的挑战，是一个多么好的视觉类比啊。就像仙人掌花一样，如果你有耐心、肯坚持，最终的挑战将不再是它们最初的样子。挑战和挫折带给我们的似乎只有痛苦和挣扎，但坚持下去，时间一长，宝贵而有用的经验就会出现。记住，磨难，虽有损失，也有重大的收获。

> 你再也找不到比逆境更好的陪练了。不完美是一种真正的福气……它迫使我开发我的内在资源。
>
> ——果尔达·梅厄

当我们经历挫折、逆境和悲伤时，我们从自己的苦难中学会了同理心。此外，我们还培养了信仰、勇气、忍耐、坚韧、服务、慈善、感恩和宽恕等高尚品质。虽然我们可能经历了巨大的损失，但当我们发现真正的、最好的自己时，也会有难以置信的收获。正如威廉·莎士比亚所言："逆境是甜蜜的。"

克服逆境要求我们：

• 找到一个新的有意义的目标

• 努力改善他人的生活

• 准备好迎接适合我们独特能力和性格的机会

如果你准备好并务实地践行渐强原则，你可以期待一个充满目标的人生。

我们在考验中学到最关键的教训，这些教训最终塑造了我们的性格，塑造了我们的生活和命运。

——阿比盖尔·亚当斯

在母亲的建议下，经历磨难的伊丽莎白·斯玛特有意识地选择了幸福的生活。她的成就还包括：担任美国广播公司新闻频道的特约评论员，为教会在法国传教，大学毕业，成立家庭，现在拥有三个孩子。在父母的帮助和支持下，她于2011年（在她被绑架8年后）成立了以防止针对儿童的掠夺性犯罪为使命的伊丽莎白·斯玛特基金会。该基金会的目的是回答斯玛特夫妇提出的一个问题："如果我们能防止未来针对儿童的犯罪会怎么样？"这代表了他们的"动力之源"。他们的目标是通过教育和了解儿童的选择来增强他们的权能，并支持执法部门拯救受害者。

当你面对改变人生的挫折时，找到你的"动力之源"对采取渐强心态继续前进至关重要。正如之前那些经历过个人挫折但却鼓舞人心的榜样一样，它会让你重新发现生活的新意义和目标。

做一个勇敢的选择

正是选择的能力让我们成为人类。

——玛德琳·英格

像安东尼·雷·辛顿和伊丽莎白·斯玛特这样的人，面对看似不可逾越的障碍，是如何过上富有成效的生活的？他们是如何战胜巨大的挫折，并取得成功，甚至为他人的生活带来光亮的？他们相信自己有选择。

1990年，迈克尔·福克斯的父亲意外去世，他经历了他所谓的"人生中最艰难时期的先兆"。就在这一年，他被诊断出患有青年帕金森病，在他30岁且事业蒸蒸日上的时候，医生告诉他，他或许只能再工作10年了。"我的人生在可怕地偏离正轨。"他写道。

起初，迈克尔拒绝承认现实，并通过喝酒来寻求安慰。但他很快发现，他只是在试图躲避自己。

"我无法逃脱这种疾病，它的症状和挑战，我被迫……接纳现实，这仅仅意味着承认当下处境的现实……我意识到我唯一无法选择的就是我是否患有帕金森病。其他的一切都由我决定。通过选择更多地了解这种疾病，我对如何治疗它做出了更好的选择。这减缓了病情，让我的身体有了好转。我更快乐，不那么孤立，可以恢复我的社交……当事情变得糟糕时，不要逃避！这需要时间，但你会发现，即使是最严重的问题也是有限的，而你的选择是无限的。"

171

迈克尔已经成为帕金森病的"代言人",为了赢得医学研究的资金,他甚至有足够的勇气在向参议院小组委员会发言前放弃药物治疗,这样他的症状就不会被掩盖。自从确诊后,他还写了几本乐观而鼓舞人心的书。在《通往未来的路上发生的一件有趣的事情:曲折和教训》一书中,他分享了自己的成功秘诀——本质上是"把过去抛在身后,活在当下"。

世界上最可怕的人就是没有幽默感的人。

——迈克尔·福克斯

迈克尔和他的妻子特蕾西·波伦以及他们的四个孩子的生活是充实而快乐的。他每天都有意识地实践这两个原则:接纳和感激。"以前发生的事情和以后可能发生的事情都不如当下发生的事情重要。没有什么比庆祝当下更重要。当下属于你自己。让别人来拍照……笑一笑吧。"

在新冠肺炎大流行期间,迈克尔正在辛苦地向助手口述他所谓的"启示性回忆录",因为疾病剥夺了他的写作或打字能力。《没有比未来更美好的时光:一个乐观主义者对死亡的思考》似乎是一部相机,镜头聚焦了他身患不治之症的30年的生活。迈克尔致力于医学研究,就像他致力于自己的演艺事业一样,多年来,他已经通过他的同名基金会筹集了令人难以置信的10亿美元的研究经费。

尽管迈克尔不再进行太多的表演,但大多数人会说他现在扮演了一个更重要的角色——激励其他同样患有慢性疾病的人。他做了一个有意识的选择，充分利用生活所带来的一切，以渐强的心态生活，哪怕患有会改变生活的疾病。"我对困难的容忍度很高，"他承认，"我已经学会了与帕金森病共存，它带来了很多好处。"他相信"未来是你最后用尽的东西"，这与他乐观的观点一致，他认为美好的事情还会到来。"直到你放弃的那一刻，你还有未来，但如果你放弃，就没有了。"

他克服挫折的能力包括：

• 要明白最严重的问题是有限的，而你的选择是无限的

• 忘掉过去，活在当下

• 选择乐观和积极的态度

> 感恩让乐观持续下去。如果你觉得自己没有什么值得感恩的，那就继续寻找。
>
> ——迈克尔·福克斯

当然，不是每个人都有像迈克尔·福克斯那样的资源。但即使是"普通人"，也可以在挫折之后，以渐强的心态生活，选择做不平凡的事情而使生活变得有意义。

1975年5月11日，里克·布拉德肖去了犹他州南部的鲍威尔湖，和朋友们一起划船、游泳，享受几天轻松的时光。一天晚上，他潜入水中取回掉进水里的一个行李袋。尽管他离海岸只有30多米远，水还不够深，但他已经潜入了一个沙洲。

这次潜水事故造成了他脊髓损伤，被归类为四肢瘫痪。

起初，里克认为22岁的他可能不得不和一群老人住在一个辅助生活中心里。他对这个想法并不感兴趣，而这也成为他开始寻找其他选择的动力。

"当我学习如何移动我瘫痪的身体时，我一旦在位置和平衡上掌控不好，我就会陷入无法恢复的位置，直到有人把我扶起来。可我最终成功了，因为我首先学会了如何优雅地跌倒。当我想到这一点时，我才明白这可以适用于我们所有人所做的任何事情。"

他知道他再也不会拥有以前的能力了，但他意识到，如果他有毅力和耐心去练习，他可以在许多其他技能上提高自己。

"事先知道自己会做得很糟糕，这给了我表现糟糕的自由，但我有信心开始进步。通过这一点，我意识到'失败'是参与的标志，看起来它更像是成功，而不是后退。失败通往成功。"

面对看似无法克服的挑战，里克不得不做出所谓的"数千次信念的飞跃"，只是为了让自己能够独立生活和工作。受伤仅10个月后，他就被一所大学录取了，可那时他几乎不会写字，也不知道自己的表现会如何。

里克很快决定放弃政府援助，在他接受治疗的医院里找了一份工作，尽管工作意味着比他领取政府补助金的钱要少。他还失去了从医疗补助计划中获得的保健福利，不得不每月自掏腰包支付1000美元。但里克说："我本可以心安理得地依靠别人照顾我的余生。"据他说，"但依靠政府生活的感觉太糟糕了"。

"我不得不接受我严重瘫痪的事实，但我意识到我可以重新定义生活，以拥有我想拥有的一切。我想要美好的婚姻，想要被爱，想与家人在一起，有一份我喜欢的事业，有大把时间学习和旅行。我意识到所有这些事情仍然是可能的。"

里克选择：

- 挑战先入为主的想法和观念

- 进行勇敢的"信念飞跃"

- 给那些注视的人树立一个好榜样

里克觉得自己注定要完成一些重要的事情。他告诉他的家人："如果这是我的人生使命——为那些注视我的人树立一个好榜样——那么我将尽我最大的努力做到这一点。"

里克最终找到了一份很棒的新事业，娶了一位好妻子，像其他人一样赚钱和纳税，并发现事业上的成功可以带来其他领域的成功。几十年后，他醒来，享受去工作的生活，他的生活比正常的样子充实得多。他最近完成了博士学位和著名的健康领导力培训课程，现在正在为下一步计划做打算。

伟大的自律会产生巨大的力量。

——罗伯特·舒勒

通过有意识地选择不让环境决定自己的未来，迈克尔·福克斯和里克·布拉德肖都找到了克服巨大挑战的勇气。

我教我的孩子们，当他们受到新事物的挑战，或受到他们舒适区之外的事物的挑战时，要选择"在艰难时刻保持坚强"。艰难时刻需要极大的自律和勇气。在这个过程中，我们的力量会向我们展示我们有多坚韧，并影响我们生命中的其他时刻。

要做到这一点，我们必须事先有意识地想象出我们可能面临的确切情况，我们将如何反应，然后决定如何以勇气和原则向前迈进，不理会外界的压力与看法。

如果我们保持坚定和忍耐，这些艰难的时刻之后通常会带来更多平静的时刻。

> 伟大的人格不是在生活的平静中形成的，也不是在平静的安宁中形成的。内心充满活力的本能是在与困难的斗争中形成的。当一个人的思想被唤醒，并被那些吸引人心的场景所激活时，那些原本沉睡的品质就会被唤醒，形成英雄的人格。
>
> ——阿比盖尔·亚当斯，《给约翰·昆西·亚当斯的信》，1780年1月19日

采取活在当下的态度，把握每一天

> 抓住时机！还记得泰坦尼克号上那些挥手告别甜点车的

女人吗？

——埃尔马·邦贝克

在电影《死亡诗社》中，罗宾·威廉姆斯扮演的约翰·基廷既是一所男校的英语老师，也是一个"摆渡人"。在一次演讲中，他对学生们喊道："孩子们，活在当下——抓住每一天！让你们的生命变得不平凡！"

基廷是唯一一个鼓励他的学生撕去教条，打破传统的学习方式，从不同的角度看问题的老师。他希望这些年轻人从不同的角度来看待自己——发掘自己真正的潜力，即使失败也要尝试新事物，追求看似遥不可及的梦想。

基廷提出的"让你的生命不平凡"的挑战意味着你有能力让事情变得不同。这完全取决于你！承担起生活在舒适区边缘的责任，甚至走出你的舒适区，这样你才能成长和进步。

在我们家，当我们中的一个有机会去做或学习一些不同的东西或尝试一项新的有挑战性的任务时，我们就会喊"把握机会"。我们的父母鼓励我们充分利用每一个伟大的机会，像梭罗说的那样"吸取生命的精华"，并尽我们所能使它发生！

我认为孩子和老人都知晓"把握每一天"的含义。他们不着急，也不用担心时间，只会尽情地享受当下的每一刻。你是否曾见过一个孩子走在路缘石上，试图保持平衡，而他的母亲正赶着进入商店？孩子享受这一刻，陶醉在挑战中，完全没有意识到母亲在与时间赛跑。

如果你曾经和一位老人聊天，当他们坐在门廊上，在商店里，或在教堂里，他们完全不着急。他们想让你陪着他们聊天，听他们讲故事，完全没有意识到你有急事，要赶着去做一些更重要的事情。不知为何，在这两端，他们都做对了，而夹在中间的我们把我们的优先事项搞混了。

2009年，威斯康星州哈德逊市的社会企业家托德·博尔建造了一个只有一间教室的小校舍模型，以纪念他的母亲——一位一直喜欢阅读的老师。他把它放在屋前的一根柱子上，里面装满了他最喜欢的书，并邀请他的邻居和朋友来借阅。他的邻居认为这是一个好主意，并积极推广，所以托德又建了几个，并把它们分发给其他地区。威斯康星大学麦迪逊分校的里克·布鲁克斯看到托德的"自助"模型后，加入了他的团队，以便更多地分享好书，将社区团结在一起。

以"拿一本书，还一本书"为口号，从而促进社区联系，这些图书馆被称为小镇广场。随着这一理念在威斯康星州的传播，创始人决定"把握每一天"，成立了一个名为"小型免费图书馆"（Little Free Libraries）的非营利组织，该组织不仅影响了威斯康星州，还为其他州带来了积极改变。慈善家安德鲁·卡内基曾定下目标，要资助英语国家的2508个免费公共图书馆。受此启发，里克和托德也定下目标，要在2013年底之前超过这个数字。他们比预定日期提前了一年半并超额完成了目标。

它们每年都在稳步增长，结果令人震惊。它们现在是一个全世界范围的图书分享计划和社会运动，所有人都可以免费获得图书，这极大地提升了读写能力。研究一再表明，儿童手中的书籍可以极大地影响读写能力，然而三分之二的贫困儿童却没有自己的书。"小型免费图书馆"通过将这些小图书馆放置在最需要它们的地方来解决这个问题。

托德的使命是让人们更容易接触到书籍，这在全世界产生了多米诺骨牌效应。截至2021年，在全美50个州和100多个国家都有"小型免费图书馆"，在地区内每年共享4200万本书。就像多米诺骨牌效应一样，超过12.5万个小图书馆遍布世界各地——从美国威斯康星州到美国加利福尼亚州，再到荷兰、巴西、日本、澳大利亚、加纳和巴基斯坦。

该组织完全建立在志愿者的基础上，从董事会到发起人，到社区管理员，再到那些拿了一本书然后还了一本书的人。"小型免费图书馆"完全依靠诚信制度运行，所有主动正直的人都在推动这一制度的发展。

托德设想的一个世界正在实现，在这个世界里，邻居们可以通过名字认识彼此，每个人都可以读到书。2018年，托德不幸因胰腺癌去世，但他对书籍和学习的热爱仍在不断增强和传播。

> 我愿每个街区都有一个"小型免费图书馆"，每个人手里都有一本书。我相信人们可以修复他们的社区，建立共享系统，互相学习，看到他们在这个星球上有一个更好的地方生活。
>
> ——托德·博尔

发挥你的才智和主动性，去创造可能

有一个经常被人提起但很有说服力的故事：两个人来到一片海滩，海滩上有数百只海星，这些海星在涨潮时被冲上岸，在海水退去后又被搁浅在沙滩上。一个人疯狂地来回跑，把海星扔回水里，拼命地试图拯救它们。另一个人站在一边看着他，嘲笑他的努力。

"你认为你在做什么？"他问，"如果你把一些海星扔回去也没有什么区别——有太多的海星需要拯救了！"

另一个人并不气馁，拿起一只海星，举起它，然后把它扔回了海里。"好吧，但对那只海星来说是有区别的！"

如果你是《辛普森一家》（The Simpsons）的粉丝，你可能还记得马芝沮丧地回家的那一集，因为她以微弱差距输掉了一场城市选举。令她惊恐的是，她发现自己的丈夫荷马竟然忘了投票！马芝一生气，荷马就为自己辩护："可是，我只是一个人——我怎么能影响最终结果呢？"她生气地回答说："可我只输了一票啊！"

每当我们家里有人，甚至是年幼的孩子，找借口、逃避责任、等待别人提供解决方案时，我们总是告诉他们："发挥你的才智和主动性！"现在，还没等到我们开口，他们就会回答："我知道——发挥我的才智和主动性！"

一个人能够发挥多大的影响力？西莱斯特·梅根斯一直在肯尼亚与非营利组织合作，帮助那里的贫民窟摆脱极度贫困。在祈祷了解她如何帮助儿童之后，她在凌晨两点半，因想到一个她从未想过的迫切问题惊醒了。"你有没有问过女孩们在女性卫生方面需要什么？"她很快给一位知道答案的联系人发了电子邮件。令她感到震惊的是，回答很简单："没什么！她们会在自己的房间里等着！"她的联系人说，在肯尼亚，十分之六的女孩缺乏女性卫生用品。

西莱斯特了解到，大多数女孩在月经期间是不允许上学的，她们实际上是待在家里直到月经结束。缺课这么多对女孩的未来是毁灭性的，这导致了她们在学业上落后，最终辍学。如果她们没有顺利毕业，她们就无法找到收入体面的工作，这使她们更有可能在很小的时候就被父母逼着嫁出去，完全失去了拥抱更美好的未来的机会。西莱斯特很难相信仅仅是缺乏女性卫生用品就造成了难以摆脱的贫困循环。

于是，西莱斯特和几个朋友成立了"女生日"（Days for Girls）组织，这是一个草根非营利性志愿组织，旨在帮助女生恢复本该在学校上学的日子。该组织的使命是在全球范围内恢复健康、尊严和教育权利，为以前一无所有的女童和妇女提供必需的女性卫生用品。

如今，世界各地数千名志愿者和当地妇女用爱心制作了大量的女性卫生用品包，以满足社区的需求。所有这些都为女孩们的生活带来了改变，她们现在可以在没有尴尬或羞耻的情况下上学。贫穷的循环可以被打破。如果女孩继续上学，就能增强信心，建设健康社区，并能极大地改变她们的未来。来自肯尼亚的诺琳写道："当我们有了这些卫生包，我们可以在世界上做一些伟大的事情。"佩德罗·桑切斯博士观察到了这种影响，他说："一个受过良好教育的女孩可以对一个社区的发展产生深远的影响。"

如果护理得当，这些珍贵的卫生包可以使用3年，相当于使用360

个一次性卫生巾。

最重要的是，女孩们可以在学校多待180天，女性可以在36个月的时间里不中断工作。在"女生日"发放卫生包后，学校缺勤率惊人地下降了——乌干达从36%降至8%，肯尼亚从25%降至3%。令人难以置信的1.15亿个失学日得以恢复，取而代之的是教育、尊严、健康和机会的增加。

"女生日"现在已是一个由近1000个分会和团队、公司、政府和非政府组织组成的全球联盟，惠及了数量惊人的妇女和女童——截至2022年5月，有144个国家的超过250万人因此受益。"女生日"赋予妇女权力并将其团结在一起，在世界各地的分会工作的有7万名志愿者。任何想要参与或大或小地方分会的人都有当志愿者的机会。

2019年，西莱斯特被授予"全球英雄奖"，以表彰她作为创始人和首席执行官的积极努力以及她帮助他人找到服务的"动力之源"。她的努力和成就都始于提出一个问题，回应一个需求，并努力寻找解决方案。

现在，请想一想还有什么问题我们没有提出？

主啊，让我永远渴望那些超出我能力范围外的事物吧。

——米开朗基罗

成为"转型者"

逆境往往可以成为人们从上一代人的"生活脚本"中解脱出来的

催化剂。不管我们是否意识到，我们可能已经活在深深植根于我们头脑和心灵的固有信念中：

• "我们家没人上过大学；我们就是不喜欢正规教育。"

• "我们墨菲家的人脾气都很暴躁！我们骨子里就是这样的。"

• "我父亲在管教我的时候失控了，而你管教的时候就会以被管教的方式去做。"

• "我哥哥和我都有同样的问题——保住工作——我们不知怎的自毁了。"

• "我们家大多数女性最后都离婚了；我们几乎逃不开这个魔咒。"

性虐待、遗弃或酗酒可能会通过你的家族遗传下来。但是，哪怕非常困难，你必须有足够的自我意识认识到，然后主动摆脱这些消极的、破坏性的"脚本"。

> 要改变一个人，必须改变他对自己的认识。
>
> ——亚伯拉罕·马斯洛

这个循环可以在你身上停止。在你的家庭中，你可以成为那些追随者的转型者。你的信念可以不断传承，真正惠及子孙后代。

在经典音乐剧《亚瑟王庭》（*Camelot*）中，兰斯洛特试图为自己的不忠辩解，用无可奈何的声音对亚瑟王说："命运并不仁慈。"他真正想说的是："事情就这么发生了，我对此无能为力。"亚瑟王怒声反驳道："兰斯，命运没有最后的决定权！我们不能让我们的冲动摧毁我们的梦想。"

不管生活如何对待你，不管你面对什么样的环境，你都是你自己命运的主宰，你可以通过改变自己、通过渐强心态阻止"旧脚本"的发生。

"转型者"会对我们的家庭和社会产生很大的影响。在你的生活中，你认识这样的人吗？你能成为转型者吗？在《圣经》中，有一句很有智慧的诗句："没有远见的人就会灭亡。"远见是用想象力和智慧超前思考和规划未来的能力。它为你提供了一个长远的前景，你应该在哪里，为什么，以及如何到达那里——也就是我们之前提到的如何"以终为始"（《高效能人士的七个习惯》中的第二个习惯）。

马拉拉·优素福·扎伊是一个令人难以置信的例子，她有远见和毅力，成为巴基斯坦各地儿童和妇女的"转型者"。当塔利班禁止女孩在家乡斯瓦特山谷上学时，马拉拉还是个小女孩。2008年9月她在白沙瓦发表了一篇勇敢的演讲，题目是："塔利班怎么敢剥夺我受教育的基本权利？"教育在她的家庭中是非常重要的。马拉拉曾就读于一所由她的父亲创办的学校，她的父亲是一名反塔利班活动人士（他本人也是一名"转型者"），他对她产生了深远的影响。

12岁时，马拉拉以化名为英国广播公司写了一篇博客，讲述她在塔利班统治下的生活，以及她对女孩教育的看法。她的积极行动使她成为当时世界上最知名的青少年之一。2011年，马拉拉被南非著名活动家德斯蒙德·图图大主教提名为国际儿童和平奖候选人。虽然她没有获奖，但同年她被授予巴基斯坦第一个国家青年和平奖。巴基斯坦总理纳瓦兹·谢里夫在祝贺马拉拉时说："她是巴基斯坦的骄傲……她的成就是无与伦比的。全世界的女孩和男孩都应该从她的奋斗和承诺中学习。"

但接受采访和公开发言使她面临危险。有人从她家门缝里塞进死亡威胁信，并在当地报纸上发表。尽管她的父母很担心，但他们认为塔利班不会真的伤害一个孩子。但马拉拉知道这些威胁是真实的：

> 我有两个选择。一种是保持沉默，等待被杀。第二种是勇敢发声然后被杀。我选择了后者。我决定发声……我只是一个坚定，甚至固执的人，我希望看到每个孩子都能得到高质量的教育，我希望看到妇女拥有平等的权利，我希望世界每个角落都能和平……教育是人生的福祉之一，也是人生的必需品之一。

2012年10月9日，塔利班派来的一名枪手登上她的校车，点名要找马拉拉，然后用手枪指着她的头连开三枪。一颗子弹击中了她的左前额，穿过整个脸，然后卡在了她的肩膀上。另外两枪击中了她的朋友，他们也受了伤，但没有那么严重。

刺杀一名敢于公开反对塔利班的15岁女孩的企图，引发了国内和国际社会的强烈抗议，人们纷纷对马拉拉表示支持。在她被枪击三天后，巴基斯坦的50名伊斯兰神职人员谴责了那些试图杀害她的人，但塔利班大胆地重申，他们不仅要杀死马拉拉，还要杀死她的父亲。

在被枪击后的几天里，马拉拉一直处于昏迷状态，情况危急。但她一稳定下来，就被送往英国，在那里接受了多次手术。神奇的是，她没有受到严重的脑损伤。后来，她感谢了国际社会对她的大力支持和祈祷。尽管不断受到威胁，2013年，马拉拉回到学校，勇敢地继续做一名坚定的教育力量倡导者。

她的努力使她的目标——每个孩子都能接受教育——取得了重大进展。联合国全球教育特使、英国前首相戈登·布朗以马拉拉的名义发起了一项联合国请愿，有200万人签署，要求在2015年底前实现全世界所有儿童都能上学。这导致了巴基斯坦第一个《免费义务教育权利法案》的通过，这是该国教育的重大突破。

2013年7月12日，在她16岁生日那天，马拉拉在联合国一个专门召集的青年大会上向500多名学生发表了演讲。她在被枪击后依然坚强地站在那里，这一幕深深打动了她的听众，也有力地证明了她通过教育传递的希望信息。虽然她很年轻，但她的话却使所有听她讲话的人都感到振奋：

亲爱的朋友们，10月9日，塔利班朝我的左前额开枪。他们还向我的朋友开枪。他们以为子弹会让我们沉默，但他们失败了！从这种沉默中——软弱、恐惧和绝望消失了！坚定、力量和勇气诞生了……我在这里为每个孩子受教育的权利发声……我们必须相信我们话语的力量。我们的话语可以改变世界……因此，让我们向文盲、贫困和恐怖主义发起一场光荣的斗争，让我们拿起书本和笔。它们是我们最强大的武器……一个孩子、一位老师、一支笔、一本书可以改变世界。教育是唯一的解决办法。教育应当放在第一位。

17岁的马拉拉最终被授予诺贝尔和平奖，她是有史以来获得这项荣誉最年轻的人。她还获得了世界儿童奖（World's Children's Prize）的5万美元，并立即将所有收益捐赠给了在加沙地带重建一所联合国学校的项目，她说："没有教育，就永远不会有和平。"作为一个有影响力的转型者，马拉拉希望有一天能以总理的身份领导她的国家讨论愿景。

> 有些人看到事物的本来面目就会问"为什么"，但我梦想着从未实现过的事情，我会说"为什么不呢"。
>
> ——萧伯纳

一个致力于崇高事业的人的影响力是所有有目的地选择如何应对发生在他们身上的事情的人所拥有的力量。马拉拉的勇气和远见给了我们克服挫折的基石：

• 在你的家庭或社区中选择成为一个转型者——停止消极和破坏性的行为

• 相信你有能力和力量选择如何应对发生在你身上的任何事情

• 利用一个有远见的人的力量来激发改变

> 历史证明，最著名的赢家在胜利之前通常会遇到令人心
> 碎的障碍。他们赢了，因为他们不因失败而灰心丧气。
>
> ——B. C. 福布斯

伊丽莎白·斯玛特也通过成为一个"转型者"，证明了生命渐强的力量。在她的遭遇被公开后，美国国会设立了一个项目，成为寻找失踪儿童的一个关键工具。2003年，乔治·W. 布什总统签署了针对被拐骗儿童的全美《安珀警戒保护法案》，伊丽莎白和她的父亲艾德·斯玛特受邀出席。（AMBER 是"美国失踪人口：广播紧急回应"的缩写。）今天，这个系统不断扩大：从2013年1月开始，安珀警报自动发送到全美数百万部手机，截至2021年12月31日，已经有1111名儿童成功获救并返回家园。伊丽莎白与司法部合作编写了一本名为《你并不孤单：从绑架到赋权的旅程》(*You're Not Alone: The Journey from Abduction to Empowerment*)的幸存者指南。它鼓励有过类似经历的孩子们不要放弃，要意识到悲剧过后还有生活。

通过伊丽莎白·斯玛特基金会，伊丽莎白以她在遭受虐待后重获幸福生活的鼓舞人心的例子安抚了无数受害者。她继续讲述自己的故事，支持预防虐待、绑架事件和网络色情受害者康复的项目。她为世界各地的受害者、幸存者及其家人发出了强有力的声音。

斯玛特基金会还与radKIDS合作，rad是抵御攻击防御的首字母缩写，这是一个旨在防止针对儿童的犯罪的非营利项目。他们的目标是教孩子们识别危险情况，并为他们提供选择。radKIDS是全美儿童安全

教育的领导者，通过在46个州和加拿大的学校开设革命性的课程，为30万名儿童培训了6000名教师。

在从radKIDS项目毕业的30多万名儿童中，有150多名儿童从绑架中获救，数万名儿童从性侵犯和潜在的人口贩卖中获救。这些毕业生运用了他们的新技能，安全地回到了家人身边。统计数据显示，那些还击、尖叫和做出反应的孩子中，有83%能够逃脱攻击者；radKIDS让孩子们用自信、自尊和安全技能克服恐惧，直面危险。由于他们得到的信息和培训，数以万计的被性侵和虐待的儿童大胆放声，并得到了阻止性侵所需的帮助。还有数千人逃脱了欺凌和同伴间的暴力。

尽管伊丽莎白在年幼时被绑架，经历了磨难，但她完美地诠释了如何"以渐强的心态生活"，并向世界表明，她最重要的成就和贡献仍在前方。而且，正如C.S.刘易斯所指出的那样，她的艰辛为她成就了非凡的命运，也许只有她才能完成。

我明白了我所遇到的挑战其实可以帮助我比以往任何时候都更同情和理解他人。当我们面对挑战时，很容易生气烦闷或心烦意乱。但当我们通过了伟大的考验时，我们就有机会去接触其他人。我们能够以一种新的方式做出改变。因为我经历过，我现在可以帮助别人了。我可以帮助其他受害者，帮助他们学会快乐……如果我没有这段可怕的经历，我不确定我是否会足够关心这些问题并参与其中……我很感激拥有这些帮助别人的机会。它们保佑了我的生活。感恩也帮助我保持了健康的心态。

——伊丽莎白·斯玛特

4

第四部分

生命的后半程

前方有远比我们留下的更好的东西。

——C.S. 刘易斯

几年前，当我在跟一大群人讲授我现在称为"以渐强的心态生活"的理念时，我看到一位听众变得非常活跃，试图与他周围的人互动。我迫不及待地想和他谈谈。在我的演讲结束后，他解释说，他是一名巡回法官，马上就要65岁了，也就是在此刻，他才承认是时候退休了。当他意识到自己还能做更多，并且有能力这样做的时候，他恍然大悟。为什么现在就退休？他问自己。多年来，他的服务对他的社区产生了积极的影响，他对他的工作仍然有强烈的热情。他意识到他的城市需要他来帮助解决那些日益严重和复杂的问题。当他以"渐强心态"的视角展望未来时，他兴奋地意识到他最重要的工作还在等着他。

"退休"，即在人生的某个阶段结束所有工作。如果你回顾过去，你会发现历史上许多伟人从不仅仅因为年龄而退休。过去有很多人，现在也有很多人在他们七八十岁甚至更年迈的时候还在高效地工作，并取得了显著的成就。今天，首席执行官、教育工作者、律师、企业家、教练、政治家、科学家、农民、雇主、运动员、零售商、医生以及各行各业的人都不接受社会上关于退休的错误观念。他们仍会持续不断地做出贡献。就在一两代人以前，我们的祖先可能因疲惫不堪而死去，得益于医学上的突破，我们现在的预期寿命变长了。

出乎所有人的意料，在我64岁的时候，桑德拉和我建造了我们一直想要的"梦想之家"。我们的九个孩子大部分都长大成人后，我们就这样做了，因为我们想要一个地方来创造一种美妙的家庭文化，我们的孙辈可以和他们的堂兄弟姐妹成为最好的朋友，我们的家人可以在一个跨代的家庭里聚在一起放松、享受和互相支持。

我的儿子大卫不相信我会像他想象的那样，在"生命的尽头"承担这样的任务。他站在工地上，敬畏地张开双臂，冲着我喊道："在生命的夕阳时分，您还在建造小屋！"

每个人都笑了，包括我，但我一直相信还有很多事情要做，我们的小屋是其中重要的一部分。自建成以来，我们的家已经成为一个充满欢声笑语的温馨港湾，一个子孙们可以嬉戏玩耍的聚会场所。

我想让你们意识到，无论年龄多大，保持开放的心态去服务和祝福他人是多么重要，因为你最好和最重要的工作可能还在前方等着你！我完全相信这一点。通常，你生命的前三分之二是为你生命的最后三分之一做准备，那时你将做出最好的贡献。

1940年，也就是英国在被称为最黑暗的时刻，66岁的温斯顿·丘吉尔在谈到担任首相时说：

> 我觉得自己仿佛是在与命运同行，我过去的所有生活不过是为这一时刻和这一考验做准备……我认为我对这一切都了如指掌，我确信我不会失败。

在人生的这个阶段，你比以往任何时候都拥有更多的资源、经验和智慧。你还有太多的事情需要去完成，你不应该考虑"退休"。你可以从一项事业或一份工作中退休，但你永远不应该从"做出有意义的贡献"中退休。前方还有更惊心动魄的冒险在等待着你！

8

第八章

保持你的动力

> 对我来说，退休就是死亡！我不知道人们为什么要退休。
>
> ——梅夫·格里芬，著名的电视节目主持人

在我的《第3选择》一书中，我引用了汉斯·塞尔耶博士的《生活的压力》一书中的一句话，分享了他对退休及其后果的最深刻的见解：

> 随着年龄的增长，大多数人需要越来越多的休息，但每个人的衰老过程的速度并不相同。许多有能力的人，本可以为社会贡献几年有益的工作，却在精力依然充沛的年纪被迫退休，最终导致身体上的疾病和过早的衰老。这种心理疾病如此常见，以至于它被命名为"退休病"。

在他的书中，塞尔耶博士将不愉快或有害的压力称为"恶性压力"（distress），而将有用的压力称为"良性压力"（eustress）。塞尔耶博士发现，如果一个人不像他们工作时那样保持参与或联系，他们的免疫系统就会变弱，身体的退行性力量就会加速。然而，如果他们参与了一些有意义的工作或项目，并且遇到了"良性压力"，他们就会体验到

成就感和意义感。

塞尔耶博士认为，寻求无压力状态的人实际上寿命较短，因为生命是由"良性压力"维持的，即我们现在所处的位置和我们想要达到的位置之间的紧张状态——我们要达到某个鼓舞人心的目标。当我们做对他人有意义的工作时，生活就更有意义了。

在《50种简单的长寿方法》(*50 Simple Ways to Live a Long Life*)一书中，苏珊娜·博汉和格伦·汤普森讨论了ikigai(生命的意义)，这是一种在日本广为人知的哲学，它有助于培养积极的生活目标和满足感。由日本政府发起的"生命的意义"基金会鼓励老年人独立生活，以减轻家庭和社会制度的负担。一项针对1000多名日本老人的研究发现，那些践行这一生活哲学的老人比那些不践行的要更长寿。另一项研究也指出，"那些对实现目标有强烈动机的人比那些没有动机的人抑郁程度要低得多"。

另一项针对12640名相信自己生活有意义的匈牙利中年人的研究发现，他们患癌症和心脏病的概率明显低于那些没有目标感的人。蓝色区域项目研究了世界上最长寿的一些人，发现有目标感——或者仅仅是有一个起床的理由——是世界上许多百岁老人的共同特征。

医学博士哈罗德·凯尼格一直在研究这一现象，他写道："那些觉得自己的生活是宏大计划的一部分，并受到精神价值观指导的人，免疫系统更强，血压更低，患心脏病和癌症的风险更低，伤病恢复得更快，活得更久。"畅销书作家、乔普拉健康中心的联合创始人迪帕克·乔普拉深信，"目标会带给你成就感和快乐……也能带给你幸福的体验"。

沃尔特·博尔茨是一位医生，也是研究衰老领域的权威，他在自己的畅销书《敢活一百岁》（*Dare to Be 100*）中写道："随着年龄的增长，我们的责任反而也随之增加了，而不是减少。""我们年纪越大，就越应该负责任，因为我们已经根据自己的习惯塑造了环境。"博尔茨认为，我们应该继续参与生活中的事务，并将我们的才能用于更高的目标。然而，我们的社会已经让我们相信相反的一面，所以随着年龄的增长，我们的倾向是远离朋友、家人和社交圈。

博尔茨建议老年人努力在工作中体验"心流"（flow），这样他们就能沉浸在有趣的项目中，就会觉得时间过得很快。他发现，"全身心投入的生活能让你活得更长寿更美好。你要把脚完全踩在油门上。你不会想无所事事！"

不要随着年龄的增长而退缩，而是要参与能为你和其他人提供意义的项目。不要接受关于退休的世俗看法。看看你的周围，你会发现许多杰出的男人和女人在这个令人兴奋的人生阶段过着快乐而有成效的生活。以下是不同职业中的几个例子。他们在生活中仍有很多事情要做，并且相信治疗"退休病"的解药就是目标。

乔治·伯恩斯是为数不多的多栖艺人，他的职业生涯成功地跨越了几代杂耍、广播、电视、电影、单口喜剧、唱片、书籍和电影——他在演艺圈的职业生涯持续了93年！在将近80岁的时候，他凭借《阳光小子》（*The Sunshine Boys*）获得了奥斯卡最佳男配角奖，是获得该奖项年龄最大的演员。那时，伯恩斯不担任主角35年了，他开玩笑说他的经纪公司不想让他过度曝光！获得奥斯卡奖后，他渐入佳境，开启了惊人的第二职业生涯，这让他在90多岁以后一直忙于电影和电视特别节目。

在他90多岁的时候，这位传奇喜剧演员以他著名的"直男"式幽默宣布，他将在伦敦帕拉狄翁剧院庆祝他的100岁生日，"我现在可不能死——我已经有安排了！"他最终写了十本书，有几本还很畅销，其中一本书的书名很贴切，叫《如何活到100岁或100岁以上》。他实践了他所宣扬的，一直工作到最后。他开玩笑说，他要一直干这行，直到只剩下他一个人——最终，在他100岁的时候，他真的做到了。

超过50岁的纳斯卡车手并不多见，更不用说80多岁的车手了，但赫谢尔·麦克格里夫打破了赛车界对年龄的刻板印象，并吸引了诸多粉丝。在81岁的时候，麦克格里夫成为在波特兰国际赛道上参加纳斯卡特色比赛的最年长的车手，他在26名选手中排名第13名。他不仅仅是为了在他80多岁时驾驶的荣誉而竞争，他还想在他热爱并参加了近60年的赛车运动中再辉煌一次。

当许多人在晚年还在使用助行器和轮椅时，赫谢尔·麦克格里夫并没有这样做。作为12次年度最受欢迎车手，他在79岁时入选美国赛车运动名人堂。但他最大的荣誉似乎来得更晚，他是2016年纳斯卡名人堂的五位传奇人物之一——很少有车手能获得这个奖项。

麦克格里夫继续说道："我想过，当我80岁的时候，我想在某个地方尝试短道速滑比赛，看看我是否能跟上年轻人！"当然，他做到了，在索诺玛赛道上比赛时，他已经84岁了。

研究表明，在晚年继续工作可能有助于长寿。一项跟踪调查了3500名壳牌石油公司员工的研究发现，55岁退休的人在未来10年内死亡的可能性是继续工作的同龄人的两倍。一项欧洲的研究对16827名希腊男性和女性进行了为期12年的跟踪调查，发现提前退休的人的死亡率比继续工作的人高50%。"工作可能是让你感觉生活有目标的最简单的方法，所以考虑尽可能长时间地工作。"美国衰老研究所的创始主任罗伯特·巴特勒医学博士说。

2018年，亚瑟·阿斯金是三名因在物理学方面有所贡献而荣获诺贝尔奖的激光科学家之一。96岁高龄的他被认为是获得这项荣誉的最年长的人。这一成就似乎是他漫长而又成功的科学生涯的亮点和总结，但阿斯金并不这么认为。他告诉诺贝尔奖委员，他可能无法接受有关该奖项的采访，因为他正忙于撰写他的下一篇科学论文。显然亚瑟·阿斯金在科学领域还有很多贡献，他不想被打扰！

然而，在2019年10月，德国出生的约翰·古迪纳夫成为最年长的诺贝尔奖得主。97岁的古迪纳夫因在笔记本电脑和智能手机中使用的锂离子电池方面的研究获得了诺贝尔化学奖。"我非常高兴，"他告诉记者，"锂离子电池促进了世界各地的通信。"他继续在他的实验室工作，并没有从他热爱的领域退休的计划。

厄玛·埃尔德本不打算在家族企业工作，但当她的丈夫心脏病发作并意外去世后，这位52岁的全职妈妈突然面临一个重大决定：要么赔本卖掉丈夫在底特律陷入困境的福特（Ford）经销店，要么自己创业。厄玛发现自己有本事把一家陷入困境的汽车经销店变成一家成功的企业。她学会了如何与制造商、银行家和信贷公司讨价还价，并在接下来的20年里工作，在她快70岁的时候开了第九家和第十家经销店。她最终成为捷豹全球顶级经销商之一，她的埃尔德汽车集团（Elder Automotive Group）成为美国最大的拉美裔企业之一。

"如果你问我什么时候退休，我会告诉你，那就是我失去乐趣的时候！"厄玛说，"工作让我充满活力。"她也是该行业的先驱女性。"我认为，人们仍然认为女性不能经营汽车经销店，"她说，"但这有什么大不了的？我只是接受它，我知道我会打破陈规。随着年龄的增长，你会变得有耐心。"

65岁时，艾略特·卡特凭借《第三号弦乐四重奏》获得了他的第二个普利策音乐奖。在86岁时，他因为一首小提琴协奏曲获得了他的第一个格莱美奖。90岁时，他尝试了一种新的音乐类型——歌剧，震惊了音乐界。《波士顿环球报》在一篇题为《接下来会发生什么？》的文章中对他的歌剧作品赞誉有加。卡特晚年非常活跃，在90岁到100岁之间发表了40多部作品。"说到'大器晚成者'！我花了很长时间才弄清楚我脑海中那些我不能明确的东西，"卡特解释道，"这就像学习一门新语言——一旦你掌握了基本的词汇，它就会变得更容易、更本能。"

多年来，卡特的日常生活就是在他觉得自己创作能力最强的时候早起谱曲。他在100岁后发表了20部作品，在他103岁时，也就是他去世前三个月，他完成了最后一部作品。在他的第11个十年里，他一直在创作，直到生命的尽头，这让他的同行感到惊讶。他是美国当代音乐史上最重要、最不朽的作曲家之一，他的一生向我们展示了"善于等待的人，终将得到想要的一切"。

在60岁的时候，克莱顿·威廉姆斯，威廉姆斯设备控制公司的老板兼高级管理人员，决定结束他40年成功的工程生涯。但克莱顿追求的并不是退休去打高尔夫球放松身心，甚至去世界各地旅行。相反，他决定勇敢地开启一种完全不同的职业生涯——成为一名艺术家。他一直把画画作为一种爱好，和他母亲一样，他对美的眼光敏锐，觉得进入艺术界的时机已经成熟。尽管大多数人会认为工程和艺术是截然相反的，但克莱顿并没有因为在他生命的后期开始一个完全不同的职业而感到困扰，而是急于开始更多地使用他的右脑。

全职学习绘画技巧后，他很快就开了威廉姆斯艺术画廊，在那里他可以展示和出售自己和别人的画作。他展出和销售早期和当代艺术家的画作，以及西方地区的艺术，他喜欢推广那些有才华但尚未售出的年轻艺术家作品。克莱顿从值得信赖的导师那里学习和借鉴经验，很快就开始在各种各样的艺术研讨会上授课。他参加艺术展览，在自己的个人画展中展出画作，还在各种艺术书刊上发表过作品。

当他八九十岁时，他继续在他的画廊全职工作，并声称："我不知道如何不工作。我的朋友们打高尔夫球和桥牌，虽然这很好，但对我来说没有太多吸引力。我喜欢投身于有挑战又有回报的项目——我对每天都在做的事情感到兴奋！"

克莱顿自己出售了几千幅画，还把许多画送给了家人。

除了收藏和销售画作，克莱顿几十年来一直在他所在社区的多个艺术和慈善委员会勤奋服务。他还创办了自己的基金会，为六年级学生提供辅导，为低收入家庭的学生提供高中奖学金，为无家可归的人提供食物，除此之外，他还参与了社区其他需要帮助的项目。

虽然克莱顿的生活很优渥，但金钱从来不是他创作艺术的动力。他轻松地做出了一个决定，将美国西部著名艺术家梅纳德·迪克森的一幅罕见画作捐赠给当地的一家艺术博物馆，这样成千上万的人就可以前来欣赏它，而不是将此只卖给一个人。他还向艺术博物馆捐赠了其他几幅有价值的画作，不曾想过要从中获利。

克莱顿在他的画廊和绘画事业上工作了32年，在94岁时，仍然积极参与艺术界，并为艺术界做出贡献。尽管他一生都面临着健康方面的挑战，但他在网球单打比赛中一直打到了85岁，这让年轻的对手们感到惊讶。

现在94岁的他没有闲着，仍积极参与各种项目，以渐强的心态生活着。每天，他都保持着敏锐的思维，一边在电脑上工作，一边记录他母亲的生平，一边为他的基金会分享关于发展的想法，一边在一个艺术委员会服务，联系那些把艺术品卖给他的人，并为即将出版的艺术书籍工作，他也喜欢花时间与子孙后代相处。

回顾过去，他说："我后来的艺术生涯是我最充实的时期，因为我能够为社会做贡献，回报社会。我交了很多新朋友，我觉得自己贡献了一些有价值的东西，这是一种福气。"令人惊讶的是，他仍然在寻找前方的下一个"挑战和奖励"。

79岁的芭芭拉·鲍曼作为芝加哥儿童早期教育办公室主任，工作了8年，负责监督3万名儿童的项目。作为早期教育领域的先驱，芭芭拉在她的整个职业生涯中都在倡导幼儿教育。她是国际知名的早期教育专家，曾担任教师、讲师、作家和管理人员，是埃里克森儿童发展高级研究机构的三位联合创始人之一，最终担任院长。鲍曼孜孜不倦地追求更高质量和更广泛的早期教育培训，81岁的她曾担任奥巴马政府教育部长的顾问。

作为一名热爱孩子的教师，91岁的她仍然积极参与教育事业，喜欢在每个周日邀请15人到25人来家里吃饭。"我已经干了50年了，"她解释说，"这就是我保持年轻的原因。"

她认为年龄是一个显著的优势，她说："你可以做你认为正确的事情，而不用担心你的职业……随着年龄的增长，我也会有一种紧迫感，我不知道自己还剩下多少时间，所以我不会把时间浪费在不重要的事情上。"

现在，我分享这么多故事和例子并不是为了让你们感到内疚，我希望它们能激励你们思考在人生的这个关键时刻，你们也可以做些什么。我的目标是想让你们相信人生的这个阶段充满机遇和成就感。用萧伯纳的话总结这一章的全部内容就是：

> 寻求一个自己认为是伟大的目标，才是生活中真正的快乐。这是一种自然的力量，而不是一种狂热的、自私的、带着病痛和委屈的狭隘想法，抱怨这个世界不会让你幸福。我的观点是，我的生活属于整个社会，只要我活着，我就有特权为它做我所能做

的。我想在我死的时候彻底地耗尽我的精力，因为我越努力工作，我的生命就越充实。我为生活本身而快乐。对我来说，生命不是一支短暂的蜡烛。它是一把灿烂的火炬，我现在抓住了它，我想让它燃烧得尽可能明亮，然后再把它传给下一代。

从职业转变为贡献

但如果你觉得自己与这些所谓的"超级成功者"没有太多共同点，那该怎么办？也许你不太认同萧伯纳的个人信条：只有让世界变得更美好，才能找到真正的快乐。也许你会问这样的问题：

• 如果我喜欢辞掉工作去打高尔夫球或旅游呢？

• 为什么这些（疯狂的）人要工作这么长时间？

• 我累了。这种能量、承诺和激情从何而来？

• 继续工作、服务和贡献的渴望是与生俱来的，还是一种选择？

• 每个人都有能力做出这样的选择吗？

首先，我的建议不是每个人都应该工作到他们倒下！不是只有你不想继续工作到七八十岁甚至九十岁。随着年龄的增长，你可能会选择不再坚持朝九晚五的工作模式。在大多数情况下，你可能想做一些你在全职工作期间没有时间做的事情。这是培养新爱好的理想时间，花更多不受打扰的时间与家人和朋友在一起，旅行，享受一些休息时间。在人生的这个阶段做所有之前想做的事。

尽管如此，我还是希望能激励你把你所有的贡献都"挤"出来。你可以从一份工作上退休，但请不要放弃在生活中做出极其有意义的贡献。我的建议是，我们都应该用一种新的视角、一种不同的思维方式来看待退休。有意识地选择从以工作和事业为主导的生活转向以贡献为中心的渐强生活模式。

> 如果我对别人不再有用，我的人生又有什么意义？
>
> ——约翰·沃尔夫冈·冯·歌德

作为领导力研究的先驱，沃伦·本尼斯写了30多本关于领导力的成功著作。在他七八十岁的时候，他仍在写作，并在85岁的时候写下了他的回忆录《依然惊奇》（*Still Surprised*）。在一篇名为《退休思考》的文章中，本尼斯就他如何看待人生的后期阶段提出了两个基本观点，我完全同意这两个观点：

首先，成功的人总是处于转型期。"这些人从不停止。他们会一直坚持下去。他们从不考虑过去的成就，也不考虑退休。"本尼斯崇拜温斯顿·丘吉尔、克林特·伊斯特伍德、科林·鲍威尔、格蕾丝·霍波、比尔·布拉德利和凯·格雷厄姆（还有其他人），他说："所有这些人都很晚才开始真正的事业，但他们只是不断地达到顶峰，从不走下坡路。他们没有谈论退休或过去的成就……他们总是忙于重新设计、重新组合、重新创造自己的生活。"

其次，那些在事业和生活中取得成功的人，随着年龄的增长，他们的转型也会很成功。通过研究杰出的领导者，本尼斯确定了成功转型的五个特征。通过贡献思维模式和渐强心态来思考这些问题——对于那些处于生命后半程的人来说，他们正在寻求从工作中的"职业"到"有意义的贡献"的转变。

1. 他们有强烈的目标感、激情、信念，想要做一些重要的事情来改变现状。

2. 他们能够发展和维持深刻的信任关系。

3. 他们是希望的提供者。

4. 他们似乎在工作、权力、家庭或外部活动之间找到了平衡。他们不会把所有的自尊都放在职位上。

5. 他们倾向于行动。他们是那些在冒险时似乎毫不犹豫的人，他们虽然不鲁莽，但能够及时行动。他们喜欢冒险和承诺。

几乎每个人都认识一些七八十岁甚至九十岁的人，他们符合这些特征，仍然从事和享受那些同龄人几年前就不再从事的活动。如果他们足够幸运，保持身体和心理健康，他们仍然有能力完成很多事情，成为家庭和社区生活的重要组成部分。

在他辉煌的职业生涯中，克劳福德·盖茨是一位作曲家和编曲家，发表和录制电影配乐，还领导了伊利诺伊州的贝洛伊特·简斯维尔、昆西和罗克福德交响乐团，在那里他创作了许多原创交响曲。

在78岁的时候，也就是他只能笼统地称为"退休"的几年之后，克劳福德又创作了6部交响乐——其中一部是为庆祝全美音乐兄弟会成立100周年而创作的。从那以后，他又写了20首曲子，还有一部歌剧。90岁时，他保持着旺盛的精力，每天早上作曲4个小时（从8点到中午），然后下午再作曲2个小时，每周5天。2018年，96岁的克劳福德去世，在他去世之前，他一直在做一些事情，通常总是有6件或更多的作品在创作中。"现在的情况和以往一样令人兴奋，"他说，"这是一种态度。"他的妻子乔治娅是一位极有天赋的钢琴家，她已经80多岁了，每周会自愿在当地的会议中心为巡演演奏几天。乔治娅用一句深刻的话概括了他们的生活哲学："你需要保持你的动力之源。"

我喜欢这个想法——"保持动力之源！"即使你不再从事某项工作或职业，也要继续前进。你学到的东西对那些没有你这类经验的人来说是非常有价值的。如果每个退休的人都环顾四周，愿意分享他们花了一辈子才获得的知识与经验，那是一件多么有趣和有意义的事啊！如果你有意识地选择"以渐强的心态生活"，并相信你还有更多的东西要学，要贡献，要付出，那么在未来的岁月里，你会做出巨大的改变。但如果你相信自己已经耗尽了最大的力气，认为未来没有更多的事项可以推进；你就会倒退，就会生活在"渐弱"模式中。

> 任何停止学习的人都会衰老，无论是20岁还是80岁。而任何不断学习的人都会保持年轻。
>
> ——亨利·福特

在我们的社会中存在着一种误解，认为随着年龄的增长，只有两种选择——工作或退休！其实并不一定要非此即彼。第三种选择——做出贡献——将两者都包含在内。这就是我在这个关键阶段提出的思维模式转变。如下图所示：

当我看到"退休"这个词时，我只想到回头看、低头看、屈服、退缩。渐强心态则相反，它是加速！当你加速时，你自然没有时间回头看或低头看，你必须向前看，向上看——专注于眼前要做的事。

在"生命的后半程"中，我受到了两组人的启发。有些人已经"退休"或离开了他们的日常工作，但仍在从事重大项目和做出其他方面的贡献；还有一些人没有在传统的年龄"退休"，但在他们七八十岁，甚至90多岁时仍在工作。这两个群体的共同点是，他们仍然希望做出贡献，完成摆在他们面前的重要工作。这些人在早年可能做了或没有做过什么伟大的事情，但他们现在每天起床都怀有一种仍然希望让别人的生活更好的热忱。还有什么比这更高尚的呢？

我们靠得到的东西生存，但我们靠给予的东西生活。

——温斯顿·丘吉尔

长寿项目

我们知道退休后去海滩彻底放松也不太好。但是，待在一份有压力、无聊的工作中也不好。我们需要考虑以一种健康的方式来平衡这两种状态。

—— 霍华德·弗里德曼博士

心理学家霍华德·弗里德曼博士和莱斯利·马丁博士在《长寿项目》(*The Longevity Project*) 中分析了一项80年前的有趣研究。这个项目开始于1921年，当时斯坦福大学的心理学家刘易斯·特曼要求旧金山的老师们找出10岁和11岁最聪明的男孩和女孩，这样他就可以跟踪他们，或许还可以找出高潜能的早期迹象。他最终选择了1528个孩子，先是观察他们玩耍，然后观察他们成长的过程。他定期采访他们及其父母，并持续跟踪他们几十年的生活，研究他们的性格特征、习惯、家庭关系、影响、基因、学业能力和生活方式。

1956年，经过35年的信息收集，刘易斯·特曼去世，享年80岁，但他的团队继续他的研究。1990年，霍华德·弗里德曼博士和他的研究生助理莱斯利·马丁意识到特曼博士研究的广度和独特性，决定将他的研究继续进行下去。有了几十年的数据，他们继续提出同样的问题，并分析为什么一些受试者似乎提前生病和死亡，而另一些人却享有健康和长寿。

弗里德曼和马丁本打算研究特曼的发现，并继续研究一年，但最终在这个项目上又工作了20多年，直到在2011年发表了他们的发现。《长寿项目》是一项历时80年、极具价值的独特研究，它是迄今为止发表的最重要的心理学研究之一，因为它跟踪了一组参与者从童年到死亡的过程。

弗里德曼和马丁声称，基因因素只能部分解释为什么有些人更健康、更长寿。令人惊讶的是，一些研究结果戳穿了长期以来关于健康、幸福和长寿的诸多谎言。从《读者文摘》上一篇关于《长寿项目》的文章中，我们总结了一些关于渐强心态的发现：

1. 幸福是结果，不是原因。

"众所周知，快乐的人更健康，"弗里德曼写道，"人们认为快乐会让他们更健康，但我们没有发现这一点。拥有一份自己感兴趣的工作，良好的教育，良好稳定的关系，与他人交往——这些事情会带来健康和快乐。"

换句话说，从他们的研究结果来看，如果你参与某些事情，你可以创造自己的幸福，书写自己的人生脚本，而其中许多事情是你可以控制的。

• 选择一份你感兴趣的有挑战性的工作

• 选择一段能提高你天赋能力的教育经历

• 选择以积极的方式与他人联系

这些结合在一起可以在你的生活中创造一种快乐的氛围，也可能带来一种更健康的生活方式。

2. 压力并不是那么糟糕。

"你总是听到压力的危险，但那些最投入、最专注于完成事情的人——他们最健康最长寿，"弗里德曼写道，"如果你被压力压垮了，这并不好，但成功的人不是那些试图放松或提前退休的人，而是接受挑战并坚持不懈的人。"

这一发现与塞尔耶博士所说的"良性压力"有异曲同工之妙——良好的压力，以及定期体验这种压力是多么重要和健康，尤其是在你年老的时候。当你有压力去创造或满足期望时，它会让你血液流动，你会有动力去实现目标，并以积极的方式自我精进。

在美国心理学会的一次采访中，弗里德曼博士进一步解释道：

> 人们对压力有一个可怕的误解。慢性生理障碍与努力工作、社会挑战或高要求的职业完全不是一回事。人们得到了糟糕的建议：放慢脚步，放松，停止焦虑，退休去佛罗里达。长寿项目发现，工作最努力的人寿命最长。负责任的成功人士在各个方面都很成功，尤其是当他们致力于超越自身的事情和人的时候。

如果你不记得这部分的其他内容，请记住：那些高度专注于有意义的活动的人更长寿。

3. 体育锻炼很重要，如果你喜欢的话。

弗里德曼和马丁发现，强迫自己锻炼可能会适得其反。体育锻炼很重要，但更重要的是热爱你正在做的事情，而不是简单地做它。即使久坐不动，开始行动也永远不会太晚。如果你刚刚开始锻炼，它会对你的余生产生很大的影响。弗里德曼解释说："我们在这里讨论的是那些在五六十岁生病和死亡的人，与那些能活到七八十岁甚至九十岁的人之间的区别。"

迪克·范·戴克的职业生涯长达70年，他每天都认真努力地去健身房锻炼，不管他是否喜欢。这位演员说："当你没有活动且无事可做的那一刻，你就开始生疏了。""人们太容易接受年老体弱了。他们会说，'好吧，我不能再那样做了，所以体力不允许了'。但事实是，你可以！……永远不算晚。一个90岁的老人可以站起来，开始移动一点，然后对发生的事情感到惊讶。"2018年，迪克·范·戴克93岁了，他出演了《欢乐满人间2》（*Mary Poppins Returns*），延长了自己的演艺生涯，令粉丝们欣喜不已，这证明他绝对是在实践他所宣扬的理念。

我一直认为，你需要通过保持你的身体运动、大部分时间健康饮食以达到自身最佳状态。保持良好的身材反映了一分耕耘一分收获的规律。每天花时间进行"不断更新"是很重要的（我称之为第七个习惯），实践平衡自我更新的原则。这么多年来，我发现如果我每天早上都坚持骑车和阅读励志书籍，除了保持身材，它还能激励我提高自己，实现个人目标。

4. 闪光并不持久——尽责才持久。

长寿项目的研究揭示了一些令人惊讶的秘密。弗里德曼写道："影响长寿的关键品格因素是我们从未预料到的：尽责性。我们的研究表明，正是一个拥有更多尽责、目标明确、很好地融入其社区的公民的社会，才更有可能推动健康和长寿。这些变化涉及缓慢的、一步一步的改变，这些改变在许多年中展开。"

而且，不仅仅是在你自己的生活和事业中认真负责，在你的重要关系中认真负责也会延长你的寿命。弗里德曼博士进一步解释说：

作为一个婴儿潮时期的人，我自然会提前考虑我在人生的下一个阶段应该做什么。幸运的是，仔细考虑是我们称之为"正路"之一的关键部分。这样的人是认真负责的人，他们有好朋友，有有意义的工作，有幸福稳定的婚姻。这种人在他们的事业和关系上的周密计划和毅力，自然而然地促进长寿，即使出现挑战。这类谨慎的、坚持不懈的、拥有稳定家庭和社交网络的成功者通常最关心他们应该做什么来保持健康。但他们已经在这样做了。

5. 随着年龄的增长，继续从事有意义的工作。

由于寿命的延长，以及婴儿潮一代人口的老龄化，美国老年人与学龄前儿童的比例超过了2:1。苏珊·珀尔斯坦是美国国家创意老化中心的创始人，她说，老年人需要持续参与社区活动，以优化他们的情绪和身体健康："当你参与创造性表达时，它实际上会改善健康状况。老年人的头号精神疾病是抑郁症。这是因为人们没有有意义和有目的的事情可做。"

这一重大发现强化了这一章节的主要观点：特别是在人生的后半程养成渐强心态，不仅能让你的人生有更远大的目标，而且有可能延长寿命，提高生活质量。

1997年，62岁的朱莉·安德鲁斯接受了手术，切除了一个良性囊肿，这个囊肿对她的声带造成了永久性的损伤，使她无法再用嗓子唱歌。她承认，"我陷入了抑郁——感觉我失去了我的身份"。在此之前，她一直是娱乐圈的传奇人物，在百老汇和伦敦西区以及好莱坞标志性电影如《欢乐满人间》和《音乐之声》中以优美的四八度女高音而声名鹊起。

她说，一开始她完全否认，但后来她觉得她必须做点什么。"我在《音乐之声》里说的是真的……一扇门关上，一扇窗打开。"这迫使她发展其他的创作途径，她开始和她的女儿艾玛一起写几本儿童书籍。最终，她们合作出版了20多本儿童读物，包括《纽约时报》畅销书《我一定是个公主》（*The Very Fairy Princess*）。与儿童一起工作让安德鲁斯的人生走向了一个完全不同的方向，吸引了新一批的粉丝。

如果她没有失去歌声，"我永远不会写这么多书。我永远也不会发现这种乐趣"。这也赋予了她一个新的身份，不同于以往，但仍然充实。84岁时，她写了第二本回忆录，其中记录了她在好莱坞的岁月，她发现还有更重要的作品和贡献等着她去完成。

当一扇幸福之门关闭时，另一扇会打开；但是我们常常对那扇关闭的门注视得太久，而忽视了为我们打开的另一扇门。

——海伦·凯勒

6. 保持强大的社交网络。

在《纽约时报》的一次采访中，当被问及影响长寿最强有力的社会因素是什么时，弗里德曼的回答很明确：强大的社交网络。寡妇比鳏夫要更长寿。弗里德曼说："女性往往拥有更强大的社交网络。导致长寿的因素中，基因约占三分之一，另外三分之二与生活方式和机遇有关。"

我发现那些在七八十岁甚至九十岁的时候仍然活跃并持续做出贡献的人总能意识到保持友谊的活力的重要性。我听说有一群上了年纪的妇女，她们从小学开始就是朋友，在高中时成立了一个"友谊俱乐部"。从那以后，她们每周三晚上都会碰面，一起吃饭、做工艺品或完成一个服务项目。这个俱乐部一直是她们的生命线，因为她们中的许多人都经历过生活的起起落落：从健康问题到失去配偶。这种每周一次的联络不仅促进了她们的友谊，而且为她们继续下去提供了一个理由。

在《公共科学图书馆·医学》杂志上，朱利安·霍尔特·伦斯塔德教授和蒂莫西·史密斯教授研究了人际关系在人们生活中的影响和作用，结果令人震惊。他们的研究表明，健康的人际关系可以使生存概率提高50%。在七年半的时间里，这些研究人员测量了人们互动的频率，跟踪了健康结果，并分析了此前发表的148项纵向研究的数据。他们发现，人际关系的缺失对长寿的影响大致相当于每天抽15支烟、酗酒，比不锻炼更有害，是肥胖危害的两倍。

史密斯说："这种影响不仅仅局限于老年人。人际关系为所有年龄段的人提供了一定程度的保护。作为人类，我们把关系视为理所当然……持续的互动不仅对心理有益，而且直接影响我们的身体健康。"

弗里德曼这样总结他的发现：

"这项研究中在长寿方面表现最好的受访者往往拥有：

- 高强度的体力活动

- 回馈社会的习惯

- 蓬勃发展的长期事业

- 健康的婚姻和家庭生活。"

如果人们积极参与、努力工作、成功、有责任感——无论他们在哪个领域——他们都更有可能长寿。

那些最长寿的人：

- 随着年龄的增长，在生命的各个阶段都高度活跃和富有成效

- 找到方法保持社交联系并参与有意义的工作

换句话说，这些长寿的人极大地扩大了他们的影响圈，不仅鼓舞了他人，还积极地影响了自己。美林证券（Merrill Lynch）和年龄潮研究公司联合开展的一项名为"退休后的工作：误解和动机"的研究可以找到更多的证据，该研究调查了美国老年人是如何改变劳动力人口结构的。"退休"曾经意味着工作的结束，但这项研究发现，现在大多数人退休后将以新的方式继续工作。

如今，近一半（47%）的退休人员表示，他们要么已经工作过，要么计划在退休期间工作。但在50岁以上的未退休人员中，更大比例（72%）的人表示，他们希望在退休后继续工作。美国劳工统计局（Bureau of Labor Statistics）报告称，2014年9月有3270万55岁以上的人再就业，而10年前只有2170万55岁以上的人再就业。

导致更多的人在晚年工作的原因是多方面的。人们对老年生活的看法发生了变化，导致了研究中所说的"对晚年生活的重新展望"。随

着预期寿命的延长，以及晚年整体健康状况的改善，延长工作时间也成为一个更可行的选择。

这项具有里程碑意义的研究基于对1856名在职退休人员和近5000名准退休和非工作退休人员的调查，消除了关于退休的四个重要误解。

误解一：退休意味着工作的结束。

事实：超过70%的准退休人员表示，他们希望退休后继续工作。在我看来，将来老年人继续工作比退休更常见。

误解二：退休是衰退的时期。

事实：新一代的在职退休人员正在开创一种更投入、更积极的退休生活——新的退休工作模式，包括四个不同的阶段：（1）退休前；（2）职业休息；（3）重新投入；（4）休闲。

误解三：人们退休后工作主要是因为他们需要钱。

事实：这项研究发现了四种类型的在职退休人员：有动力的成功者、有爱心的贡献者、生活平衡者和认真的挣钱者。虽然有些人工作是为了钱，但更多的人是出于重要的非经济原因：

• 65%的人为保持精神活跃

• 46%的人为锻炼身体

• 社会联系占42%

• 认同感/自我价值感占36%

• 31%的人为迎接新的挑战

• 31%的人为钱

误解四：新的职业抱负是年轻人的事。

事实：近五分之三的退休人员会从事新的工作，在职退休人员成为企业家的可能性是退休前的三倍。

许多人发现，他们从职业生涯中积累的经验太宝贵了，不能仅仅因为他们已经65岁了就搁置一边。

退休后仍可以工作的机会是有的，但重要的是要做好规划。那些身体足够健康，并希望工作到七八十岁，甚至九十岁的人有很多优势，他们在一生中积累的经验和专业知识可以帮助他们做到这一点。

没有退休

即使你真的从一份工作或一份事业中退休了，你也不应该从服务中退休。对你的家庭、邻里和社区有所贡献，为你的教堂、当地学校、慈善机构服务，或支持一些需要志愿者的伟大事业，你永远都有贡献可做。在你的影响圈中，你永远不应该从敏锐地回应你所留意到的许多需求中退休。也不要以为你必须要多成功才能做到这一点。简单地说，留意一下你周边的需要，然后回应！

77岁的赫斯特·里皮从得克萨斯州搬到了犹他州的利希，想照看住在附近的孙子孙女。就在她的新社区，她发现了一个她可以帮助提高读写能力的伟大事业。她没有被任务压得喘不过气来，也没有想她这个年龄的人能真正完成什么，而是专注于她能做些什么来帮助孩子们发挥他们的潜力。

赫斯特震惊地发现，她所在地区近30%的小学生阅读水平低于年级水平。她说服市长给了她一把椅子、一张桌子和一台电脑，赫斯特最终住进了该市艺术中心的一个大储藏室里。她组织了一场募捐活动来买书，招募了一些志愿者，开始免费教孩子（和成人）阅读。在赫斯特的坚持下，她很快就用校车把孩子们送到了中心，并让高中生和其他志愿者指导他们。

赫斯特努力工作，坚持不懈地推进她的读写能力提升计划，以至于市议会成员开玩笑说，当她来参加会议时，他们会躲着她。"她一直都很坚定。"他们和善地抱怨道。

多年后，在她的努力和市政府的支持下，她得到了市图书馆的许可，在那里，赫斯特·里皮读写中心正式成立。从1997年到2014年，赫斯特致力于组织一个帮助儿童和成人免费阅读，并提高他们的数学、计算机和语言技能的场所。对读写充满热情的赫斯特提出了"读者造就领袖"这一鼓舞人心的想法，并告诉她的志愿者们，你越投入帮助孩子学习，你就越想帮助他们。

在其他服务奖中，赫斯特·里皮因超过4000小时的服务获得了总统志愿者服务奖，以及巴黎欧莱雅价值女性奖。2003年，她被美国总统乔治·W. 布什誉为"光点"（Point of Light）。她的读写中心一直是亚拉巴马州等州其他城市和小学的榜样，它们试图在自己的社区借鉴、复制她的做法。

到2015年，赫斯特·里皮读写中心已经组织了180名志愿教师（年龄从8岁到80岁不等），为500名每周来两次的孩子提供辅导。该中心每年有700多名学生参加暑期辅导计划，所有辅导课程都是免费的。它还赞助了一个早期阅读干预项目，教学龄前儿童阅读，以便他们在开学前做足准备。

在赫斯特87岁去世后，该中心继续发扬她的精神，在任何给定的时间为大约400名学生提供服务，由75名到100名志愿教师全年授课。到我写这篇文章的时候，里皮读写中心已经帮助了30多万人学习阅读。这是一个积极参与有意义的工作并通过贡献实现转变的美好案例。

赫斯特总说，当灯亮起来，她的学生明白阅读的意义时，才是她真正的收获。这种热情已经帮助成千上万的人打破世代文盲的循环。她的重要工作即使在她离世后也仍在继续。

> 来的总比去的好。
>
> ——阿拉伯谚语

当然，享受一些期待已久的休息时间并没有什么错，尤其是当你不再全职工作的时候。人生的这个阶段最适合做那些你一直想做却没有时间做的事情。就像我说的，我一直是"不断更新"的忠实信徒——花时间通过放松的活动来更新身体和思想。不仅要努力工作，而且要尽情玩耍。我们一家人每年都喜欢去一个小木屋，在那里我们可以在一个美丽的环境中放松和享受自由的时间，没有工作的压力和苛刻的时间表。这个传统丰富了我们的家庭关系，让我们重生。

然而，你可以腾出时间做你没有时间做的事情，也可以找到时间做有意义的项目，为他人做贡献，给自己带来快乐。要学会平衡这两者。然而，一个人的生活重心是贡献，而另一个人想退休只是为了过一个休闲的生活，这两者之间有很大的不同。对比你读过的那些有贡献（渐强）心态的故事和那些退休后彻底放松的故事。旅游业和我们社会的许多规范向老年人传递的信息似乎是被动的，对他们没有太多要求或期望。度假胜地自豪地诱惑和宣传："退休！你已经够辛苦了。这是你应得的。你终于可以放松了——什么也不做！"

我们都听过一句很常用的短语："去过——做过！"事实上，你可能在你的职业生涯中"做得"很好，但现在就没有什么有意义和重要的事情让你去做吗？显然，没有人会批评你放弃全职工作去享受旅行、放松活动，和家人、朋友共度更多不受打扰的时间。但是，如果这种新的生活方式让你精疲力竭，占用了你大部分的时间，生活缺乏目标，不要感到惊讶。打高尔夫没有什么错，但还有很多事情要做，尤其是当你拥有比以往更多的时间、经验、技能和智慧时。所以，去打高尔夫吧……但也要参与一些有意义的事情。

与典型的退休心态相比，渐强心态要求你的思维方式发生"转变"。这种心态需要在你的职业生涯早期培养。无论你现在处于人生的哪个阶段，如果你可以用这个新模式来想象你65岁以后的生活，你就可以准备度过一个积极的、有重大贡献和成就的阶段，而不是一个自私的、无所事事的阶段。记住，你将为你的子孙树立榜样。

开始——采用渐强心态，利用以下标准来思考：

1. 需求/良知：像赫斯特·里皮那样，发现你周围的需求。问问自己：我能在哪些方面有所作为？生活对我的要求是什么？然后倾听你内心深处的声音，你会受到启发，选择一个特定的项目或事业，帮助某些只有你才能接触到的人。世界各地的社区有如此多的需求和问题，如果你选择参与，你可以以一种重要的方式提供帮助。环顾四周，评估哪些地方需要你，并做出回应——在落后小学支教为社区募集食物或衣物，在选举期间担任志愿者，帮助美化废弃的社区，或者帮助一个难民家庭。或者在你女儿离婚时给予她实际的支持，并陪在你的外孙身边。当你变得更加敏感和有意识的时候，你会发现你周围有如此多的需求和机会。你可能已经意识到或知道你应该参与什么。制定一份指导你这个阶段的个人使命宣言是很有帮助的。

2. 远见/激情：你的远见和激情是非常需要的，因为你的生活经历是独一无二的。你从养育家庭、经营企业或从事某一特定职业中学到了什么？在你的一生中，与各种各样的人和问题打交道，寻找解决方案，处理人际关系，这些都赋予了你远见和洞察力。你需要与那些缺乏自信或方向的人，或者那些在生活中需要导师或好榜样的人分享这些。发现你真正的激情所在——你最关心的是什么——并将你的激情运用到能发生改变的地方。分享你所热爱的可以带来很多好处。

3. 资源/才能：利用你可以支配的宝贵资源——你的时间、才能、机会、技能、经验、智慧、信息、金钱、期望——来有所作为。这是一个去做一些真正重要的事情，丰富生命很好的机会。为什么不抓住这个机会去为别人服务呢？经过一生的工作和学习，如果你自愿奉献你的资源、时间和独特的能力，你会得到比你意识到的更多的东西来分享。你能给那些需要你的人带来多大的改变啊。

4. 睿智/主动：如果你聪明、有意识、行动起来的话，你的睿智和主动会让你在人生的这个阶段走得更远。开始通过问问题、探索需求来参与，将其转变为一种资源，寻找聪明的解决方案，这不仅会帮助你，也造福你周围的人。创造性地思考，你会发现无穷无尽的服务机会。你可以给闭门不出的人家送饭，给小学捐一些书，给儿童医院做一床被子，匿名给需要帮助的人捐钱，为老人打扫院子，拜访一个被遗忘的朋友，在无家可归者支持活动中提供专业服务，给一个正在与成瘾作斗争的家庭成员写一封鼓励信，拜访一个正在经历健康危机的人，欢迎并引导一个新家庭融入你的社区。祝福和服务的可能性是无限的和令人兴奋的！去工作，让它发生！拥有这样的智谋和主动性，你就会惊奇地发现，原来可以做的还有很多。

开发我，上帝！告诉我如何接受我是谁，我想成为谁，我能做什么，并把它用于比我自己更伟大的目标。

——奥普拉·温弗瑞

以渐强的心态生活，把你的注意力从追求事业转移到关注贡献，这是一种改变生活的心态，可以在人生的任何阶段采用——从30岁到60岁——甚至从60岁到90岁。当你对他人的生活做出积极的贡献时，你所体验到的满足和快乐将极大地改变你的后半生。

人往往不能为自己创造机会。但他可以让自己处于这样的状态，当机会来临时，他已经准备好了。

——西奥多·罗斯福

　　帕梅拉·阿特金森在英国贫困的童年使她对那些不幸的人产生了一种特殊的同情心。她的父亲在输光了所有的钱后抛弃了他的家庭，留下她的母亲独自抚养五个孩子，住在一个可怕的、老鼠出没的、没有室内管道的房子里。她的母亲没有受过多少教育，不得不长时间辛苦地做一份低薪工作来养家糊口。帕梅拉记得，她不得不把报纸裁剪开当厕纸，还在鞋子里塞了硬纸板来盖住那些破洞。

　　当帕梅拉14岁左右的时候，她意识到上学是摆脱贫困的途径，于是她决心接受良好的教育，这样她就能有一份比母亲薪水更高的工作和更多的选择。这并不容易，但她努力工作，在英国获得了护理文凭，并立即将她的新技能运用到澳大利亚的工作中，与原住民一起工作了两年。帕梅拉随后来到美国，在加州大学获得护理学学士学位，在华盛顿大学获得教育和商学硕士学位。

　　帕梅拉最终将她的技能运用到医院管理工作中，然后成为山间医疗机构（Intermountain Healthcare）的使命服务副总裁，专门帮助低收入和没有保险的人。在这里，她发现了自己帮助穷人的使命。

　　帕梅拉从山间医疗中心退休后，自愿全职为穷人和无家可归者服务。她不知疲倦地为他们服务了25年多。即使在今天，她的车里仍然装满了睡袋、卫生用品、保暖衣物和食物，以便随时提供给任何需要它们的人。她曾在19个社区委员会任职，在大多数立法会议期间，她都在州议会大厦与立法者讨论如何帮助弱势群体，并成为三名州长的重要顾问。她在委员会工作得到的钱是她的"上帝想让我帮助别人"基金，用于购买药品、车票、冬衣、袜子、内衣，支付水电费——任何需要的东西。

帕梅拉知道，即使是很小的服务行为也能带来改变。有一个人花了一年的时间和其他几个无家可归的人露营。帕梅拉连续几个月每周都去看望他，但最终在他的营地解散后与他失去了联系。一年后，一个穿着运动夹克、着装整洁的男人在一家酒精治疗中心找到了她。他已经恢复了自己的生活，并在那里帮助其他人克服酒瘾。

"你还记得在那个寒冷的冬天，我们谁也没有手套，"他问她，"你去商店给我们买了六副手套吗？"他说，当时他很自卑，但在内心深处，他想："你肯定有价值。有人给你买了一副新手套！"这个简单的善举促使他最终改变了自己的生活，他一直保存着这副手套，以提醒自己，真的有人在意和关心他。帕梅拉说："你永远不知道你的什么行为可能会影响别人的生活。我们永远不应该低估哪怕是一点点关怀的力量。"

多年来，她学会了如何为那些少数群体发声。现在帕梅拉已经70多岁了，在她所谓的"退休岁月"里，她丝毫没有放慢脚步的迹象。在《福布斯》杂志德文·索普所写的一篇文章中，帕梅拉分享了她学到的一些最重要的东西，我们也可以在自己的影响圈中借鉴使用：

1. 小事情会带来大不同。多年来，帕梅拉与穷人一起工作，她了解到，服务并不一定要很大规模才能产生影响。有一次，她去拜访了一个低收入家庭，发现他们很沮丧，因为他们的水被切断了，他们没有肥皂、洗发水或洗漱用品。她的车里有一个卫生包，那是她所在教堂的人捐赠的，她把燃气打开了，这样一家人就有热水洗澡了。他们的感激让帕梅拉知道，小事情往往是大事情。

2. 触摸和微笑都蕴含着力量。多年前，当帕梅拉在救世军提供晚餐时，市长告诉她要用"温暖的微笑和真诚的握手"来迎接人们。他告诉她，一些无家可归的人在整个星期里都没有接触过别人。她从来没有忘记这一点，并确保她会给那些她服务的人一句友好的问候和一个真诚的微笑。"我认为我们永远不应该低估关爱的力量，"她说，"一个拥抱或一个微笑这样的小事就能改变一个人的生活。"

3. 志愿者带来改变。圣诞节那天，帕梅拉第一次在西雅图志愿为无家可归的人提供晚餐，她惊讶地看到人们的感激之情。她了解到，志愿者对开展这么多项目来说是多么重要，他们的技能和帮助的愿望正是我们所需要的。她的影响是鼓舞人心的，她的志愿精神是具有感染力的。在男孩女孩俱乐部的筹款活动上，她说："我们每个人都有改变别人生活的力量。"

4. 把你的信仰作为一种积极的影响和资源。帕梅拉经常觉得自己受到神的指引，相信她的信仰对她的工作有很大的影响和力量。"上帝为我安排了一个计划，"她吐露道，"我有强烈的信念去做一些改变世界的事情；这就是我应该做的。"

5. 合作是关键。帕梅拉指出三个"C"对服务很重要：协调（coordinate）、合作（cooperate）和协作（collaborate）。多年前的第一次志愿者经历点燃了帕梅拉的志愿精神，如今她仍在圣诞节为无家可归的人组织丰盛的晚餐，多达1000人因此而受益。

6. 每个人都可以做一些事情。帕梅拉曾经给一群人做过演讲，向他们承诺，只要他们尽自己所能，他们就能真正改变别人的生活。一位年长的妇女告诉她，她错了，她说："我80岁了，很少出门，收入也有限，我能改变什么呢？"帕梅拉问她是否可以每周只捐一罐汤给食物银行。她让她闭上眼睛，想象一个贫穷的单身母亲，给她的孩子们喝她捐赠的汤，想象孩子们不饿着肚子上床睡觉。她问这样的贡献会不会改变他们的生活。这位老妇人开始每周捐赠一罐汤，几年后，她最终为那些没有她的帮助就会挨饿的人提供了数百顿饭。

还是小女孩的帕梅拉和她的两个姐妹躺在英国一张拥挤的床上，她记得自己发誓要嫁给一个富人，再也不跟穷人有任何关系。后来，她成为一个真正的转型人物，与她的家人结束了贫穷的循环，而不是把它传递给下一代。然而，几十年后的今天，正是她对穷人和无家可归者的爱，让帕梅拉·阿特金森的生活变得"富有"。她又回到了原点。

我们在生活中都是相互联系的，我们应该寻找机会来改变别人的生活——反过来，这也会改变我们自己的生活。

——帕梅拉·阿特金森

基本品德

在我的《高效能人士的第八个习惯》一书中，我解释了一个我称之为"基本品德"（主要优势）的特征。次要优势是声望、头衔、职位、名誉和荣耀，而基本品德是真正的你——你的品格、你的正直、你内心最深处的动机和期许。虽然基本品德通常可能不会出现在新闻头条上，但它与品格和贡献有关。基本品德是一种生活方式，而不是一朝一夕的事情。它更能体现一个人是谁，而不是他拥有什么。比起名片上的头衔，你举止中散发的善良更能体现你的魅力。它更多地讲述了人们的动机，而不是他们的才能；它更多地讲述了微小而简单的行为，而不是宏伟的成就。

你不需要成为下一个甘地、亚伯拉罕·林肯或特蕾莎修女来展示基本品德。西奥多·罗斯福用我听过的最简洁的话总结道：

> 在你所处的地方，用你所拥有的东西做你能做的事。
>
> ——西奥多·罗斯福

我喜欢这个简单的想法。换句话说，你现在所能提供给你周围人的正是他们所需要的。做你能做的就行了——这就够了。你已经有了工具，只要你环顾四周，看到需求，然后做出回应。以下是一些简单平凡的人在人生的这个阶段运用渐强心态的日常故事，运用他们天生拥有的技能和才能，他们得到的快乐和他们服务的人一样多。我希望这些能激发出一些创造性的想法，让你在自己的影响圈内可以做些什么。

孤儿拖鞋：米米从来不是一个无所事事的人。即使到了85岁，她仍然经常编织拖鞋，把它们送给家人和朋友。当她的侄孙女香农暑假自愿到罗马尼亚的一家孤儿院工作时，米米开始工作，做了一百多只拖鞋和一些五颜六色的壁挂让她带上。当香农到达孤儿院时，她发现孤儿院既沉闷又破旧，所以五颜六色的壁挂瞬间点亮了整个房间，让孩子们在空荡荡的墙壁上看到了一些有趣的东西。香农很开心地把这些拖鞋送给了孤儿们，因为他们几乎没有什么属于自己的东西。她给了一个10岁的小女孩一双拖鞋，当她把拖鞋接过来时，小女孩的眼睛闪闪发光。小女孩说："我刚过了一个生日，但什么都没有得到；这就是我想要的礼物！"

自行车人：在里德·帕尔默的葬礼举行的那天，他的家人惊讶地看到有很多自行车停靠在教堂的一边。对附近的孩子来说，里德·帕尔默被简单地称为"自行车人"。里德认为每个孩子都应该有一辆自己的自行车，所以他会定期修理一辆旧自行车，或者利用自己的资源为有需要的人买一辆新的。等孩子们收到后，他和孩子们一样内心欢喜。

> 任何善举，无论多么微小，都不会白费。
>
> ——伊索

救生室：几年来，在塞维利亚退休中心，一群年龄在75岁以上的妇女每天早上工作，经常工作到下午，丰富了世界各地数千名儿童的生活。她们的座右铭是"我没有手，只有你的手"（来自特蕾莎修女）。87岁的诺玛·威尔科克斯个性十足，富有进取心，是这个始于2006年的"行善者"组织的创始人。除了星期天，她们每天都要缝制婴儿被子（她们平均一个月要缝制35床被子）、毯子、毛绒玩具、洋娃娃、连衣裙、裤子、拖鞋和玩具球。她们还打包新生儿用品，并承担当地人道主义中心给她们的所有任务。仅在一年内，该组织就成功地制作了7812件物品，运往世界各地，从古巴到亚美尼亚、南非、蒙古和津巴布韦。都是为了那些她们见不到的孩子。

"人们说我们太老了，什么忙都帮不上，这让我很生气！"诺玛解释道，"我们只是想一直服务下去，我无法告诉你有多少人在项目中离世。我很不喜欢发生这样的事情！但与此同时，我们想尽可能多地在这个服务的过程中发掘和享受乐趣。"

对这群人来说，"乐趣"意味着在她们中心的活动室里疯狂地缝纫和与朋友聊天，她们把活动室改造成了一条慈善生产线。一开始，她们用自己的钱买布料，但很快她们的项目就传开了，人们开始捐赠布料。不知怎么的，布料从来不会用完——当用完的时候，总会有人带着更多被遗忘在地下室的剩余布料出现。诺玛是一个固执的招聘人员，在塞维利亚，她对任何人都只是简单地问一句："你不想参与吗？"现年86岁的艾拉·麦克布莱德虽然是盲人，却被招募去负责填充玩具球，这些球将被送到非洲的孩子们那里，那里的孩子们没有玩具可玩。

诺玛估计，多年来有超过100人，其中大多数是女性（但也有男性），帮助他们完成了宏大的项目。"诺玛是这背后的天才，"她的朋友朵拉·费奇说，她和她一起工作了10年，"快乐在于，我们在为谁工作，一件新玩具、毯子或衣服对一个孩子意味着什么。"正如她们的座右铭，她们有一种强烈的感觉，她们是上帝的手，要帮助贫困的孩子。一位年近八旬的妇女说："当我做这些新生儿套件时，我祈求上帝减轻我的痛苦，他总是帮助我完成我的工作。"当一个人接受手术或去世时，这个群体每周都在变化，但总是会有新的人来填补这个空缺。

琳达·纳尔逊是她们的活动主管，她对她们的成就感到惊讶。"我从来没有和这么积极的前辈共事过。在这个群体中，她们每天都有一个目标。她们本可以坐在自己的房间里，只是感受他们的疼痛和年龄问题，但她们身体的大部分部位仍然在工作，所以她们想贡献自己的力量。我把她们的活动室称为'救生室'。这一切都取决于她们的态度；她们想让别人的生活更美好，看到她们的成就，我感到很谦卑。"

在所谓的养老院以渐强的心态生活？对于这些女士们来说，这绝不是退休——她们知道自己还有重要的工作要完成，这给了她们快乐和目标。"我想一直工作到累趴下为止，"诺玛笑着说，"如果你能忙起来，还有什么比这更好的呢？"

最新研究表明，志愿服务的老年人身心健康状况更好，死亡风险也更低。密歇根大学心理学家斯蒂芬妮·布朗报告称，在五年的时间里，"给予者"的过早死亡风险比"非给予者"下降了一半以上。这项研究中的"给予者"是65岁及以上的人，他们经常自愿帮助他人完成各种任务。科学家认为，给予和服务他人的行为本身会释放内啡肽，创造一种"帮助者的快感"。其他积极的好处是满足、享受和自豪感，这抵消了许多人随着年龄增长感到的压力和抑郁情绪。

所以如果你已经"退休"了——在你七八十岁甚至九十岁的时候——现在也是继续贡献的好时机。就像许多在他们的"后半生"中鼓舞人心的人一样,生活似乎是从退休开始的。记住,真正的伟大是由那些有使命感的人实现的,他们的服务目标高于自身,并为之做出持久的贡献。

提供匿名服务

> 如果你不在乎谁得到荣誉,你能完成的事情是惊人的。
>
> ——哈里·杜鲁门

我父亲最喜欢的一部电影是一部鼓舞人心的老经典,叫做《天荒地老不了情》(*Magnificent Obsession*)。洛克·哈德森饰演鲍勃·梅里克,一个富有的花花公子,他总是挑战极限,然后花钱摆脱困境。有一天,他的快艇被撞毁了,当地医生菲利普斯拿出了唯一可用的心肺复苏器,成功地让鲍勃苏醒过来。但菲利普斯医生心脏病突发,却因抢救设备用于鲍勃身上而不治身亡,他的遗孀海伦(简·怀曼饰演)痛苦地将丈夫的死归咎于鲍勃。

当鲍勃试图向海伦道歉时,海伦从他身边跑开,并被一辆车撞了,导致她双目失明。鲍勃曾因菲利普斯医生的去世而由衷地感到自责、悲痛,心态也发生了改变,现在他在事故发生后感觉更糟了。

为了寻找生命的意义，他向菲利普斯医生一位值得信赖的朋友寻求建议，这位朋友告诉了鲍勃关于菲利普斯为他人匿名服务的故事。菲利普斯医生去世后，许多人走上前来，讲述了在他们最需要帮助的时候他是如何帮助他们的，尽管他的给予总是有两个条件：

- 他们不能告诉任何人
- 他们永远不用报答他

这个人进一步跟鲍勃说："一旦你找到了路，你就会被束缚。它会让你着迷！但请相信我，这将是一种了不起的痴迷！"

鲍勃找到了海伦，他们开始坠入爱河，但因为海伦失明，她没有意识到他是谁。在创纪录的时间内（因为这是一部不到两个小时的电影），鲍勃成为一名熟练的医生，并开始了匿名服务的"不了情"，在没有任何认可或回报的情况下帮助他人。他还研究了一种帮助海伦恢复视力的治疗药物。

海伦前往欧洲寻求医疗护理，但当医生告诉她她的失明是永久性时，她陷入了绝望。鲍勃出乎意料地出现在她的面前，安慰她，告诉了她他的真实身份（尽管她已经知道并原谅了他），并请求她嫁给他。虽然她也爱他，但她不想被同情，更不想成为负担，她毫无征兆地消失了，留下了心碎的鲍勃独自一人面对生活。鲍勃非常焦急地到处找她，但最终又回到他的医疗事业中，继续他的匿名服务。几年之后，海伦终于被鲍勃找到了，而鲍勃也成功帮她恢复了视力。当她醒来时，她第一个看到的人就是鲍勃。

尽管情节多少有点戏剧化，但电影传达的理念是鼓舞人心的，并受《圣经》中的一句话激励："你们要小心，不可将善事行在人的前面，故意叫他们看见。"我父亲用以下这段话诠释匿名服务：

不顾荣誉的服务是真正地祝福他人。通过匿名服务，没人知道，也没人会知道。影响，而不是认可，就成了动机。每当我们匿名做好事，不指望得到回报或认可时，我们的内在价值感和自尊感就会增加。这种服务的一个奇妙之处在于，它以只有给予者才能看到和感受到的方式进行回报。你会发现，这样的回报往往来自我们做了比预期更多的事之后，我们在服务上的"额外收获"。

——辛西娅·柯维·哈勒

第九章

创造有意义的回忆

来吧，和我一起慢慢变老，最好的还在后头。

——罗伯特·勃朗宁

（此小节内容由柯维博士的女儿辛西娅·柯维·哈勒写成。）

1956年，当我的父母结婚时，他们决定把信仰和家庭放在第一位。这决定了他们如何花费时间，分配精力和资源，以及我们作为一个家庭所重视的优先事项。他们和许多人一样相信，当你回顾你的人生时，最有意义的关系将存在于你自己的家庭中，包括直系和代际关系。

在他多年的商业/领导力顾问生涯中，我父亲周游世界，与各地的领导人、首席执行官、企业高管以及他们的一些家人交流。他观察到他们比在职业上取得的任何成就都更伟大和更持久的快乐——来自他们与家人的关系。相反，缺乏亲密的家庭关系给他们带来了极大的痛苦和遗憾，尽管他们看起来很"成功"。说到底，世界上大多数人都是一样的——名声、事业、财富和世俗的成功，与你最爱的人的爱、接纳和陪伴相比，都是苍白无力的。

有人曾经告诉我，"回忆比财富更宝贵"。当然，钱对于生活的基本必需品来说是绝对必要的，但除了维持生活之外，钱还应该用来丰富生活，创造体验和记忆，这些体验和记忆最终都会成为你的一部分。

当你想到你自己的家庭、你的童年，或者你为你自己的孩子创造的童年时，你能想到的最特别的事是什么？对我来说，这是多年来的家庭传统，从我曾祖父母的小屋开始，一直延续到我的祖父母、父母，我们这一代，我们的孩子和孙子。我们的愿景一直是一起享受家庭时光，增进感情，亲近自然，培养品格，不断更新，并在岁月中一起创造美好的回忆。

我意识到不是每个家庭都有机会拥有一个小屋或特殊的地方，有些家庭可能无法拥有美好的童年记忆或健康的家庭文化。然而，渐强心态教会你，你不是过去的受害者，你可以重新开始，创造你自己崭新的家庭文化。你做什么或去哪里并不重要，只要你和你爱的人一起，你们就能创造属于你们自己的家庭传统。露营、徒步旅行、从事某个项目或爱好、旅行、服务他人、享受自然、运动——任何与家人一起享受的活动都能让人恢复活力，增进感情，创造美好、快乐的回忆。

这些家庭传统可以建立稳定、自信、自尊、感恩、忠诚、爱与品格，以及可以帮助你们一起培养家庭文化。为那些你爱的人创造有意义的回忆，会加强你们的联系，增进你们的情感，并成为你们生活的基石——以及你们将永远珍惜的快乐和难忘的时光。

上帝赐予我们回忆，让我们在12月拥有玫瑰。

——詹姆斯·巴利

因为我的父母现在都已经去世了，他们在一起的回忆给我们的家庭带来了巨大的快乐，并成为鼓舞人心的榜样。我并不是说他们拥有一段完美的婚姻，但我们知道他们的关系是无比亲密的，他们在其中投入了时间、精力和爱。随着年龄的增长，这种感觉在逐渐增强。他们真诚地爱着对方，支持着对方，欣赏着对方独特的品质。

几年前，父亲发现了莎士比亚一首优美的十四行诗，这首诗最能描述他对他与母亲关系的重视，以及母亲对他生活的影响。他会牢牢记住这段话，并经常背诵，即使是在他的商业演讲中。我们的家人对这段话百听不厌，因为它激励我们在自己最重要的人际关系中也寻求同样的爱与价值。

> 当我受尽命运和世人的冷眼，
>
> 暗暗地哀悼自己的身世飘零，
>
> 徒用呼吁去干扰聋聩的昊天，
>
> 顾盼着身影，诅咒自己的命运，
>
> 愿我和另一个一样富于希望，
>
> 面貌出众，又和他一样广交游，
>
> 希求这人的渊博，那人的眼界，
>
> 于自己的长处却是不满足；
>
> 我耽于此思想，颇感厌恶；
>
> 忽然想起了你，于是我的精神，
>
> 便像云雀破晓从阴霾的大地
>
> 振翅上升，高唱着圣歌在天门；
>
> 一想起你的爱使我那么富有，

和帝王换位我也不屑于屈就。

秋天——最富有的季节

> 盛年已逝……我们应该享受人生的这个阶段，而不是怨恨它。人生的黄金时期应该被定义为我们拥有最多的自由，最多的选择，我们知道的最多，可以做的最多——而这个黄金时期就是现在！65岁是新的45岁！
>
> ——琳达·艾尔和理查德·艾尔

琳达·艾尔和理查德·艾尔是我的好朋友，也是《纽约时报》的畅销书作家，他们写了大量关于平衡生活中真正重要的东西的文章。他们给出了一些忽略关于衰老的陈词滥调，尽情享受旅程，甚至欣赏年龄增长的建议。他们乐观、积极的态度和看待衰老的方式令人耳目一新！以下是他俩一篇文章的节选，题为"忽略那些关于衰老的陈词滥调"，享受人生的后半段旅程。

在这个世界上有很多陈词滥调和不好的比喻，但其中最糟糕的是"越过山头"这个短语，它被人们用在"秋季"的负面含义中。事实是，秋季是最好的季节，刚刚越过山头是最好的地方。

任何徒步旅行、骑自行车或跑步的人都知道，登上山头并开始从另一侧下来是我们为之努力和向往的事情。它是令人兴奋的，它是快速的，它是美丽的，而且它更容易。溜达一下是很好的！一旦你登上山顶，生活就变得更有美感，更有存在感，视野更开阔。刚过山顶，是最好的地方。

我们发现，几乎所有关于人生这个阶段的常见隐喻都是消极且错误的。以下是一些例子：

空巢：空巢是肮脏的（原谅双关语）；它糟透了。但我们的空巢从来没有这么舒适过——没有孩子在周围打扰！我们当然想他们，但我们可以去看他们，或者让他们来看我们，我们还可以让他们回家！

慢下来：我们不这么认为！越到山上，你的速度和效率就越高。事情变得更容易，因为你知道如何把事情做好，你知道什么是重要的。

放牧：如果你已经做了大部分的工作，也付出了生活的代价，还有什么比放牧更好的呢？

快速衰老：我们大多数人随着年龄的增长都会慢慢衰老——至少在生理上是这样的——但通常都不会很快衰老。实际上，我们大多数人在60岁到80岁之间的变化比其他任何20年都要少。如果我们照顾好自己，变化发生得非常缓慢。

心态年轻：这通常是晚辈们用的一种傲慢的说法，暗示长辈们无关紧要，并试图想象自己更年轻。事实上，正如乔纳森·斯威夫特所说："没有哪个（真正的）智者希望自己更年轻。"

所以，如果你正处于"秋天"，就像我们一样，不要听陈词滥调。请重新定义它们。因为这是生活中最美好的部分！我们还没提到最好的部分——我们的子孙呢！

他俩还写了一本关于这个主题的书，名为《完整的生命：将你的寿命和遗产最大化》(*Life in Full: Maximizing Your Longevity and Your Legacy*)。他们已经70多岁了，比以往任何时候都更忙碌，出版了超过25本书，其中许多是在养育了一个成功的大家庭之后写的，书的销量达到了数百万册。他们曾录制过《奥普拉》《今日秀》《早间秀》《60分钟》《早安美国》以及许多其他节目，在节目中分享他们对家庭、生活平衡、价值观、育儿和老龄化等话题的看法。

在一次家庭度假中，当我们所有的孩子都长大成人后，我的儿子大卫在描述桑德拉和我这个人生阶段的时候，用了一种我认为相当准确同时也很有趣的方式：

当我们家所有的孩子都结婚了，我们有了自己的孩子后，我注意到我的父母有了一种新的方式来享受我们全家在湖边度假的时光。我称他们为"飞鸟"，这完全符合他们的生活阶段。我观察到他们是如何随意地进进出出，而没有感觉到任何负担……我意识到，他们曾经非常享受抚养9个孩子以及随之而来的各种忙碌，但现在他们可以自由选择参加哪些活动了。他们经常会带孙子孙女们在船上待上几个小时，也会开一辆本田汽车去兜风，吃一顿不是他们做的晚餐，和家人一起出去玩，然后不洗碗就出去进城看电影！我必须承认，经过多年负责任的养育，他们赢得了这段时间的生活——在我看来，这个新阶段确实很有趣。

年龄只是心态的问题。如果你不介意，那就没关系！

——马克·吐温

多年来，桑德拉和我总是感到与我们许多孙辈和曾孙辈的关系很密切。我们一直努力参加尽可能多的活动、庆祝日和纪念日，以更好地关爱他们。我们还希望通过自己对社区、慈善和教会活动的服务，为后代树立榜样。我们感到自己有责任成为榜样和导师，对我们的孩子和孙子表达关爱并花时间陪伴他们，给予他们支持和鼓励，并不断努力塑造良好的价值观和品格。这对我们来说很重要，因为无论我们怎样老去，为人父母是我们最重要的角色之一。

最大限度地利用你的"秋天"时光——关注变老的好处，而不是坏处。正如艾尔夫妇建议的那样，不要轻信关于老年的陈词滥调，不要给自己贴上标签或限制自己。想想你能做什么，而不是你不能做什么。在祖父母阶段，太多人倾向于退出，觉得他们不可以或是不应该参与孩子们的生活甚至不应该为他们提供建议。但现在，你可以享受你的跨代家庭，对他们的生活产生积极的影响，不用承担所有的日常责任。敞开你的心扉，花时间和他们在一起。这样，自然而然的联系就产生了。在人生的后半程，你将拥有比以往更多的智慧和经验。寻找合适的机会，为那些在自己的人生旅途中扮演最重要角色的人提供资源和帮助吧。

> 孩子需要祖父母的鼓励和智慧。在抚养孩子方面，父母需要祖父母的帮助和支持。祖父母需要更多的时间和孙辈们在一起，享有由此带来的能量和热情……也许我们在隔代教养方面不够积极主动。也许我们没有采取足够的主动措施……我们需要记住，我们对子孙最深刻的影响，不是当我们与他们聚在一起时，而是当我们单独和他们交流，和他们一对一地处理事情时。
>
> ——琳达和理查德·艾尔

我知道有一对杰出的夫妇就是这样做的，因为他们的努力救了他们外孙的命。当乔安妮和罗恩的女儿劳里染上毒瘾时，他们想尽一切办法帮助她摆脱毒瘾。劳里病情发作时，很明显无法照顾自己，更不用说她两岁的儿子詹姆斯了。乔安妮和罗恩担心这个小男孩会变成什么样，他的母亲情绪不稳定，父亲经常进出监狱。

乔安妮非常喜欢做一个全职妈妈，和罗恩一起抚养了四个孩子。但她也预料到，有一天她终于可以自由地做她搁置起来的事情，比如在俱乐部和朋友们打竞技网球。然而，考虑到劳里的状态不稳定，乔安妮和罗恩做出了改变人生的决定，彻底调整他们的生活，在他们50多岁的时候抚养他们蹒跚学步的外孙。

身为外祖父母要经历怎样的思维转变！乔安妮和罗恩无私地做出

了个人牺牲，尽管重新开始非常困难，但他们知道他们的小外孙是值得的，他们觉得他们做的是正确的。詹姆斯在他们的关爱下茁壮成长。当乔安妮的朋友们在俱乐部打网球，然后悠闲地享用午餐时，54岁的乔安妮在詹姆斯的幼儿园帮忙。在接下来的几年里，充满爱心的他们为詹姆斯报名参加棒球、足球和橄榄球，成立游戏小组，帮助他练习钢琴，带他去教堂，教授他良好的价值观，作为外祖父母做了所有父母通常做的事情。与此同时，他们为劳里的安全感到担忧，有时一整年都没有她的消息，也不知道她是死是活。

几年后，劳里跌入人生低谷。在她慈爱的父母的帮助下，经过艰苦的努力，她终于克服了成瘾的问题。她发现詹姆斯在外祖父母的照顾下成长了，在她长期不在的日子里，他变成了一个快乐、适应能力强的孩子。她是多么幸运，有这样无私的父母，愿意这么多年把个人生活放在一边来抚养他们的外孙。劳里消失后，乔安妮和罗恩成了詹姆斯成长过程中稳定的陪伴。因为他们的决定，乔安妮和罗恩拯救了詹姆斯的生命，给了他们的女儿第二次为人父母的机会。

詹姆斯高中毕业后，成为一个优秀的年轻人。除了钢琴，他在许多运动方面都很有天赋，在学校也取得了成功，他的一生都将归功于他那尽心尽力的外祖父母。从长远来看，抚养詹姆斯被证明比成为网球俱乐部的常客更有价值。

如果乔安妮和罗恩没有像他们所做的那样，决定在他们的后半生抚养一个幼小的外孙，情况可能会变得极其不同。虽然他们当时不知道，但在他们抚养了孩子之后，随着渐强心态的推广，他们仍然对家庭做出了巨大的贡献。回顾过去，尽管他们抚养外孙的那些年并不总是轻松的，但他们知道他们注定会在他身边。

当看到詹姆斯为他的朋友们钢琴伴奏时，乔安妮和罗恩无比欣慰。当他还年幼，处于危险中时，他们的付出是多么及时啊。现在轮到詹姆斯用他被赋予的第二次生命为自己创造一个光明的未来了。

> 一百年后……我的银行存款有多少，我住什么样的房子，我开什么样的车，都不再重要。但是……世界可能会因为我在一个孩子的生命中扮演了重要角色而有所不同。
>
> ——弗雷斯特·威特克拉夫特

我知道有许多尽职尽责的祖父母或外祖父母不得不承担起父母的角色，因为他们的孩子没有能力照顾自己。在某些情况下，由于经济压力，有的孩子生活在一个跨代家庭中，祖父母扮演父母，因为父母都有全职工作。我向那些愿意并且能够在年老时养育孩子的人致敬，尤其是当养育孩子没那么轻松的时候。

对于尽职尽责的祖父母来说，抚养孩子的机会有很多不同的呈现方式。例如，一些祖父母会去学校接孙子孙女（让他们不再是"挂钥匙的孩子"），带他们去上课或参加活动，为他们提供下午零食，辅导他们做作业，或者在他们的父母下班前给他们提供一个安全和有爱的港湾。有些祖父母甚至会帮助支付账单。其他人可能会资助孙子上大学，或资助一个特殊的项目，比如出国一学期或实习，这可能是改变孙辈生活游戏规则的经历。

如果你以任何方式帮助你的孩子抚养他们的孩子，你一定要意识到这些努力是无价的，会比你原本想象到的更能帮助他们的生活。记住，无论你付出了什么，无论是被要求的还是自愿的，都会给你的生活带来光亮。你永远不会后悔为他们付出的时间和努力。你现在可能没有意识到，但你的参与正在影响着世世代代的人，你的影响将在他们生命的不同阶段被感受到。站出来并提供指导，可以让你的后代在他们的生活中拥有爱和方向，并最终拥有一个光明的未来。在生命的尽头，我无法想象任何一个人在他们所谓的"黄金岁月"希望花更多的闲暇时间睡觉、打高尔夫球、打牌、打网球，而不是为他们自己的后代的生活做出改变。无私地照顾家人也是以渐强心态生活的缩影。

也许对这个国家或对人类，任何人所能提供的最大的社会服务就是养育一个家庭。

——萧伯纳

当谈到培养孩子的品格、力量、内在安全感以及独特的个人和人际关系才能时，没有任何团体能够或永远能够与家庭的积极影响相比，或有效地替代家庭和家族的积极影响。我要重申一次，人生中最有意义的经历将是和你自己的家人在一起。每个家庭都不一样，你的家庭可能不像其他家庭那样传统，看起来也不一样，但家庭就是家庭，通常你所爱的人能给你带来最大程度上的快乐。

　　我的哥哥约翰和他的家人一起制定了传达他们价值观的家庭使命宣言。简单来说就是"没有空椅子"。这句话的意思是，家里的每个人都有自己的位置，每个人都是宝贵和重要的。这是一个美丽的陈述，总结了一个谨慎、关心、尽责的祖父母、阿姨、叔叔、兄弟或姐妹的价值，他们看到了家庭的需要，并在他们可以帮助的时候无私地提供帮助。我建议你制定属于你自己的个人或家庭使命宣言，家庭成员可以围绕这句宣言团结起来，努力实现它。你再也找不到比这更大的乐趣了。

第十章
审视你的目标

> 我们的灵魂不渴求名利、舒适、财富或权力。我们的灵魂渴望意义，渴望一种感觉，即我们已经找到了如何生活才能让我们的生命有意义，因而世界就会因为我们的经历而至少有一点不同。

> ——哈罗德·库什纳

在查理·黑尔和多萝西·黑尔位于纽约罗切斯特的家中，每天都像过圣诞节一样——因为有很多包裹被送达。但这些包裹实际上包含了各种年久失修的乐器。几年前，多萝西参加了一个乐器修理的课程，从那以后，这对夫妇就迷上了购买和修理坏掉的乐器。退休的化学家多萝西和退休的医生查理都已经80多岁了，但他们热衷于给乐器注入新的活力，这样他们就可以把乐器免费送给那些愿意创作音乐的人。截至2019年12月，他们已经通过罗切斯特教育基金会向罗切斯特学区捐赠了近1000件可用的乐器。

罗切斯特艺术系的首席教师艾莉森·施密特说："两位如此关心别人的孩子，这太不可思议了。"她认为，黑尔夫妇将修复后的乐器捐赠给他们的社区的影响是巨大的，因为研究表明，音乐教育对帮助学生在学校的整体表现有持久的影响。对于这对努力帮助他们甚至不认识的学生的杰出夫妇来说，他们想借行动表明，有人真正关心这些孩子们。当他们修复每一件乐器时，心里都想着它们的接受者，他们找到了一个目标，这个目标不仅给别人带来了快乐，也丰富了他们的生活。

卓越的人生教练、《目标的力量》（The Power of Purpose）一书的作者理查德·莱德解释了目标的重要性："目标是最基本的。这不是一种奢侈。它对我们的健康、幸福、治愈和长寿至关重要。每个人都想以这样或那样的方式有所作为。我们这代人的寿命比以往任何一代都长。我们退休的方式与我们的父母不同……每天醒来都是创造美好生活的新机会。"

巴勃罗·毕加索在这本书的开头提出了一个深刻的原则，正如我们所看到的，它延伸到以渐强的心态生活的所有四个关键时期："生命的意义在于找到你的天赋，而生命的目的在于把它奉献出去。"通过这种独特的思维方式，我们必须发现自己的天赋和才能，拓展它们，然后应用它们，造福他人。

我们每个人在这个世界上都有一个独特的使命，如果这个使命包括服务他人，那它就是最有意义的。我一直相信我们的使命不是发明而来，而是探索出来的。就像我们可以通过倾听自己的内心，了解该做什么，该帮助谁一样，我们也可以探寻或发现我们自己生命中独特的使命是什么。而这就是这本书的最终目的：鼓励你积极地寻找你的个人目标和使命——无论你处于人生的哪个阶段。我同意奥普拉的观点，你能给予的最好的礼物就是尊重你自己独特的使命。

如果我们有自我意识，我们就能发现我们的使命，即使我们必须

247

在这个过程中重塑自己。在纳粹死亡集中营受苦的维克多·弗兰克尔教导我们，与其问自己"我想从生活中得到什么"，不如问自己"生活想从我身上得到什么"。这是一个完全不同的问题。一旦我们反思了，我们就可以制定相应的目标和计划。

> 每个人在生活中都有自己特定的职业或使命，来完成需要完成的具体任务。因此，他不能被取代，他的生命也不能重复。每个人的任务都是独一无二的，就像他实现它的具体机会也是特定的……归根结底，人不应该追问他生命的意义是什么，相反，他必须认识到被追问的应该是他自己……对于生活，他只能以负责任的态度来回应。
>
> ——维克多·弗兰克尔

研究过弗兰克尔博士的赖兰德·罗伯特·汤普森总结道，他教导我们通过以下方式来发现人生目标：

1. 创造一项工作或做一件事；

2. 经历某事或遇到某人；

3. 对不可避免的痛苦采取积极的态度。

只有当我们发现自己的人生使命时，我们才能体验到实现目标所带来的平和——真正的快乐之果。我们能做的最重要的事情之一就是把我们的使命放在最前面，并执行它。奥利弗·温德尔·霍姆斯说过："只要竭力追求，任何职业都是伟大的。"这取决于你主动积极地追求你独特的使命，以便它能祝福和造福他人。

　　尽你所能去关心别人，你会让我们的世界变得更美好。

——罗莎琳·卡特

　　当吉米·卡特总统和第一夫人罗莎琳·卡特在1980年离开白宫时，他们并不认为这是他们贡献的结束，甚至不认为这是他们最重要工作的结束。在担任美国总统并达到世人称之为成功的顶峰之后，大多数人可能会找到一个吊床、一本好书，然后就安逸度日了。大多数前总统都会进行巡回演讲，并以他们的名字建立图书馆。

　　但卡特夫妇一直致力于帮助人道主义事业。他们仍然希望做出贡献，并利用自己的地位和影响力来解决他们周围看到的紧急需求。离开白宫仅仅一年后，他们就建立了卡特中心，旨在促进人权、推动和平、减轻世界范围内的苦难。

　　卡特中心目前帮助70多个国家的人们解决冲突；促进民主、人权和改善经济条件；预防疾病；改善精神卫生保健；教农民提高作物产量。此外，卡特一家还在"人类家园"担任志愿者，这是一个帮助美国和其他国家有需要的人翻修和建造住房的非营利组织。2002年，吉米·卡特在奥斯陆被挪威诺贝尔委员会授予诺贝尔和平奖，"以表彰他数十年来为寻求和平解决国际冲突、促进民主和人权以及促进经济和社会发展所作的不懈努力"。

　　在接受这个奖项时，卡特的话反映了他的人生使命，并呼吁为后代采取行动：

> 我们作为人类所共有的纽带比我们的恐惧和偏见的分歧更强
> 大……上帝给了我们选择的能力。我们可以选择减轻痛苦。我们
> 可以选择为和平而合作。我们能够做出这些改变，而且我们必须
> 这样做。

作为"被忽视人群的捍卫者"，罗莎琳·卡特一直是被忽视的心理健康问题的倡导者，就像她在佐治亚州担任第一夫人时一样，她致力于彻底改革该州的心理健康系统。除了在人权和冲突解决方面与前总统并肩工作，罗莎琳还倡导儿童早期免疫接种，解决退伍美军士兵的需求，并撰写了大量关于心理健康和护理的书籍，还写了一本自传。罗莎琳入选了全美妇女名人堂，并与她的丈夫一起获得总统自由勋章，以表彰他们孜孜不倦的人道主义工作，包括几十年来对"人类家园"的持续奉献。

35年来，罗莎琳和吉米·卡特为"人类家园"贡献了他们的时间和领导能力，他们已经成为这个组织的代言人。他们与其他10万多名志愿者一起，在世界上14个不同的国家亲自帮助建造、翻修4390所房屋，甚至在卡特总统因一种罕见的癌症接受治疗后仍在工作。2019年10月，90多岁的卡特夫妇宣布，"人类家园"现在正在进入第15个国家——多米尼加共和国，2020年期间，他们在那里帮助建造和维修住房。

在一本与他们的渐强心态相呼应的鼓舞人心的书中，卡特夫妇谈到了发现周边的需求、参与有意义的项目以及在服务中找到快乐的价值。前总统卡特已经写了数量惊人的书——超过40本，除了一本以外，其余都是在他卸任后写的。1998年，他写了《衰老的美德》(*The Virtues of Aging*)。当有人油嘴滑舌地问他"变老有什么好处"时，他幽默地回答说："嗯，变老总比另一种选择好。"

尽管吉米·卡特当选为美国总统，但许多人认为，他最伟大的遗产将是他离开白宫后重要的人道主义和社会活动家工作，以及作为美国历史上最富有成效的前总统身份。

卡特总统写道，这是一个从职业退休，但显然不是从生活中退休的独特机会：

> 能够为需要帮助的人"做出改变"是一种极大的满足。有些事情是我们所有人都能做的，即使是最忙的年轻人，但我们在生命的"后半程"往往有更多的时间参与进来。特别是随着我们的寿命延长，健康的机会如此之大，工作之余还有一个额外的阶段，我们可以把更多的时间用于志愿服务。我们的社区急需退休人员的才能、智慧和精力。积极参与的退休人员有了新的自我价值感，这是丰富的日常生活的来源……衰老的过程也被减缓了。
>
> 帮助别人可能会出乎意料地容易，因为有很多事情需要做。最难的部分是选择要做什么，然后开始，在不同的事情上进行第一次努力。一旦采取主动，我们经常发现我们可以做我们从来没

有想过我们可以做的事情……近年来，参与为他人做好事的活动对我们的生活产生了巨大的影响。世界各地都迫切需要志愿者，帮助那些饥饿的、无家可归的、失明的、残疾的、酗酒的、文盲的、有精神疾病的、年迈的、被监禁的或只是没有朋友和孤独的人。我们显然还有很多事情要做，无论要做什么，请继续做下去。

或许你已经在生活的某些方面经历过成功的顶峰，现在正处于令人兴奋的"后半生"，那么这将是你重新开始创造一些新的、不同于以往生活的机会。即使你不是前总统或第一夫人，如果你像卡特总统那样"坚持下去"，你也可以做出很多贡献。

任何有价值的体力活动带来的疲劳都会使精神愉悦。与"人类家园"合作对我们来说就是这样的经历。在我们离开白宫后开展的所有活动中，这无疑是最鼓舞人心的活动之一。帮助那些从未生活在一个体面的地方，从未梦想拥有自己的房子的人建立一个家，可以带来很多快乐和情感反馈。

在人生的这个阶段，以自己的方式做出改变的机会，也许比你生命中的其他任何时候都要多。但如果你现在不处于这个年龄段呢？不要等到你到了那个时候再做决定，要在你年轻的时候就预见到这个时候。如果你提前计划，在你的前半生开始以渐强的心态生活，你可以在后半生更有效率。

为老年生活做准备的时间不应晚于青少年时期。65岁以前毫无目标的生活不会在退休时突然充实起来。

——德怀特·L.穆迪

无论你现在处于哪个阶段，为后半生做好准备和计划，你会更有效率，过渡也会更容易，感觉更自然。一项调查显示，三分之二的退休婴儿潮一代表示，他们在适应晚年生活方面面临挑战。在其他调整中，他们正在寻找让自己的生活有意义和目的的方法。考虑到这一点，如果目标、使命和意义不明显怎么办？你如何找到你的人生目标呢？在《转向退休后的生活和工作》(*Shifting Gears to Your Life and Work After Retirement*) 一书中，合著者玛丽·朗沃西建议问自己：

- 我的性格是什么？
- 我的技能是什么？
- 我的价值观是什么？
- 我的兴趣爱好是什么？
- 如果我能做世界上任何事，我会做什么？

为了帮助你专注于你的使命和目标，让我们来看看这些关于"以渐强的心态生活"的常见谬误，以及真相。

关于后半生以渐强的心态生活的谬误：

- 我太老了，太累了，筋疲力尽了，做出改变对我来说太晚了。
- 我没有什么特殊的技能或天赋可以贡献。
- 我已经在生活中取得了很多成就。

• 我担心这将花费的时间和精力，我不想被束缚。

• 我真的不相信我所做的会对别人产生重大影响，因为我没有特别的技能、天赋或才华。

• 我想知道，如果这不会影响到我或我的家人，我为什么要去做志愿者。

• 我不知道该做什么，如何提供帮助，或如何开始——这似乎超出了我的舒适区。

• 参与社区活动似乎让人难以承受，因为有太多的需求。

• 我太犹豫或害怕去尝试我一无所知的新事物。

• 这不是我的问题，也不是我的责任。

• 我想休息、放松、等待我的日子结束——我不想给我的生活增加任何压力。

• 我一生都在努力工作，除了享受"退休"的闲暇，我什么都不想做。

关于后半生以渐强的心态生活的真相：

• 伟大的冒险和令人兴奋的机会等待着你！

• 你不需要任何不寻常或特殊的技能或知识——你当下拥有的就足够了。

• 你参与服务他人会让你更年轻、更有活力，当你参与有意义的项目时，你的能力会得到提升。

• 你会发现生活中更多的意义和目标，它们会带来快乐和满足。

• 当你向外看和服务他人时，你会更加感激你所拥有的一切。

- 你比以往任何时候都有更多的时间。

- 你拥有一生中宝贵的技能、天赋、知识和能力。

- 你一生都在与人打交道、与职业打交道、与制度打交道，积累了丰富的经验。

- 你有一生的朋友、同事，以及可以结交和争取的资源。

- 你在生活的许多领域积累了一生的智慧。

- 对于那些需要学习榜样的人来说，你可能是一位有价值的导师。

- 你有一个服务和祝福他人的宝贵机会——选择对你的家人、朋友、邻居、社区，甚至是世界产生积极的影响。

- 你可以让许多人的生活发生不可思议的变化，包括你自己爱的人，如果你接受挑战，以渐强的心态生活。

- 你最重要的工作和贡献仍在前方——不管过去发生了什么——如果你渴望它们并寻求它们。

不要等待。时间总会过去的——为什么不把它花在有价值的追求和重要的事业上呢？正如各种各样的例子所证明的那样，你已经具备了用你所有的经验和学识来做一些善事的条件。正如萨莱诺医生所发现的那样，你不需要变得多特别才能做特别的事情。

朱迪思·萨莱诺医生虽然已从临床实践中退休，但仍是纽约医学院院长。当新冠疫情袭来时，时任纽约州州长安德鲁·科莫（Andrew Cuomo）呼吁退休护士和医生帮助做好随叫随到的工作。萨莱诺医生没有因为年龄而退缩，而是毫不犹豫地回去工作。她说："当号召发出时，我就立刻注册了。"

"我已经60多岁了,"她解释说,"但我拥有一套必要的、重要的技能,而这些技能在很短的时间内非常短缺……当我展望我所居住的纽约的未来时,我在想,如果我能以某种方式运用我的技能并派上用场的话,我将会挺身而出。"

作为一名医师主管,萨莱诺医生是美国卫生保健领域的杰出领袖之一,是在疫情期间自愿提供服务的8万名卫生保健专业人员之一。萨莱诺医生说:"我的临床技能有些生疏了,但有很好的临床判断能力。我认为,在这种情况下,我可以恢复和磨炼这些技能,即使只是照顾普通患者和在团队中工作,我也可以做很多好事。"

那么你会选择退休还是继续发光发热呢?是选择以渐强心态生活还是渐弱心态呢?如果你能更新你的思维模式,你就能摒弃成见,并在你生命中有更多选择的这一伟大时刻充分利用你的优势。提前规划,这样你就可以让这个阶段富有成效,这是一个贡献、兴奋、改变和转型的时期,也是一个享受的时期。请保持好奇,看看你能完成什么。

我一直觉得做贡献是一种神圣的职责,而不仅仅是退休后享受闲暇。我相信我能留下的最重要的遗产,就是成为一个一直在改变世界的榜样。

相信你能有所作为,并敢于去实现它。一切都尽在掌握——一切都由你来实现!你会因为什么被人铭记?你会留下什么遗产?现在开始接受渐强心态。有意识地让你生命中的这段时间成为贡献的时期,从成功走向有意义的时期。如果你这样做了,你将收获快乐与甜蜜。

5

结　语

我们家庭的渐强生活之旅

辛西娅·柯维·哈勒

　　我越接近终点，就越清楚地听到周围世界邀请我的不朽乐章。这很宏伟，但足够简单。半个世纪以来，我一直在用散文、诗歌、历史、哲学、戏剧、浪漫、传统、讽刺、颂歌和歌曲来书写我的思想；我都试过了。但是我觉得我还没有说出我内心的千分之一。当我下葬时，我可以像许多人一样说，"我完成了一天的工作"。但是我不能说，"我已经完成了我一生的工作"。我一天的工作将在第二天早上重新开始。

——维克多·雨果

写给父母

"以渐强的心态生活"实际上是父亲离世前最后一个大想法——可以说是他的"最后一课"。作为史蒂芬·柯维和桑德拉·柯维的九个孩子中最大的一个,我很荣幸能够参与这本书——这本书是我和父亲多年前开始写的。他认为,"以渐强的心态生活"是一个强大的理念,可以改变并丰富那些愿意接受它的人的生活。他深信,在人生的任何阶段,"你最重要的工作仍在前方",他自己也试着以这种心态生活。

作为一个家庭,我们选择分享一些关于父亲的不为人知的事情,目的是给那些同样面临困难挑战的人以希望和鼓励。虽然这对我们来说是非常私人的,但我们知道很多人都面临着类似甚至更大的考验,所以我们本着爱和同理心的精神分享我们家庭的故事。

2007年,我母亲做了背部手术,她的整个后背被植入了钛棒。事实证明,这在稳定她的背部方面很有效,不过后来出现了严重的感染,导致她的腿和脚的神经受损。她在医院住了四个月,接受了多次手术,她的生命多次受到威胁。在这期间,我们不知道她是否能康复出院,重新过上正常的生活。

让我们家人非常沮丧的是,她脊髓中的神经损伤让她几乎全天都只能坐在轮椅上。对于母亲来说,她以前从来没有背部问题,而且"一生中从来没有生过病"(她经常提醒我们),这太可怕了!她从一个从不错过任何事情的人变成了一个我们几乎认不出来的人。她完全无法行走，需要全天24小时的看护。母亲和祖母的生活一夜之间发生了变化，复杂的健康问题无时无刻不在困扰着我们。在很短的时间内，她从独立变成了完全依赖他人。那是一个非常痛苦的时刻，作为一个家庭，我们依靠我们的信仰和彼此，不断地祈祷事情会好转。

在母亲做背部手术之前，父亲在镇上的每一天，都会载着母亲在社区里转悠，用他们的话说，"去兜风"。这是他们一天中最欢喜的时刻，也重新改善了他们的关系。后来，我们长大了，有了自己的孩子，我们喜欢看他们一起骑马，一起聊天，欣赏他们共享的亲密。

我们的父母关系很好，虽然有时他们处理事情的方式不同，但他们彼此平衡，有最重要的共同点。他们一起养育了九个孩子，在教会和社区担任过许多领导职务，都取得了很大的成就。我们的父亲经常为他的咨询、写作和演讲而旅行，孩子们长大后，母亲经常陪他一起出差，给出关键的反馈，有时在他的演讲中发言，还会献歌一曲——因为这是她的一个伟大的天赋。他们的婚姻对我们来说是爱和承诺的典范。

在母亲接受各种手术和住院治疗期间，我们向父亲寻求帮助和安慰。但就在这个时候，我们开始注意到他的行为变得不像他自己了。与母亲的医生见面时，他很少表现出主动性，而且经常在去医院时，他会立即睡觉，而不是帮助处理复杂的医疗决策。最糟糕的是，我们的父亲，这个一直很有同情心、以家庭为中心的人，开始疏远我们，甚至变得有点冷漠。

很明显，他对母亲的病情感到很难过。我们把这归咎于他不喜欢医院，因为当他还是个小男孩的时候，他的臀部做了一次创伤性的手术，使他不得不拄了三年的拐杖。从那以后，他在医院里总是因为不好的回忆而面色苍白。

在经历了漫长而痛苦的四个月后，当母亲康复出院时，我们全家都很激动，尽管她只能坐在轮椅上，一切都要依靠别人。父亲一直很爱她，像对待女王一样对待她，为了让她的生活更轻松，他为她提供了24小时的医疗照顾，以此来表达他的爱。他买了一辆面包车来安置她的轮椅，并改造了他们的家，让轮椅更方便使用，让她的生活尽可能便捷。他希望她很快就能重新走路，他们可以一起恢复正常的生活。

虽然母亲的健康问题令我们所有人都很担忧，但它似乎对父亲的影响最大，他不断地选择回避。父亲是个注重隐私的人，但现在护士们每分钟都在那里，经常是两个人一起，因为他们要给母亲洗澡和穿衣。父亲变得更加冷漠，似乎对生活漠不关心。

当他的身体明显出了问题时，他接受了检查，被诊断为额颞叶痴呆。我们对他患上这种可怕的疾病感到震惊，因为他在精神上和身体上一直都很活跃。他坚决拒绝接受诊断，对医生的分析嗤之以鼻。但很明显，他患病了。我们逐渐目睹了一个戏剧性的性格变化。他开始变得不喜欢社交，表现出缺乏判断力和不受约束，对刚刚讲过的事一再重复，言行举止完全不符合他的性格。

就是在这个时候，我们不得不让他停止旅行，停止演讲，停止写作，基本上暂停了他的职业生涯，这违背了他的意愿。对我们所有人来说，这是一段非常悲伤和艰难的时期，也是他长期以来做出巨大贡献的时代的终结。

我们终于意识到他已经与这种疾病的初期阶段斗争了一段时间。所有这些症状都是毁灭性的，因为我们眼睁睁地看着我们"比生命更重要"的父亲和家里的顶梁柱在我们眼前衰弱，而无能为力。之前他性格有趣、独特、外向，但现在变成了一个我们几乎认不出来的人。有时，我们可以从他的眼睛里看到真正的恐惧，因为他知道发生在他身上的事情他无法控制。但我们也感受到了我们对他的爱，想要支持和照顾他度过这段艰难的时光。

母亲坐在轮椅上，面临着各种复杂的健康问题，同时，父亲患有痴呆症，病情迅速恶化，这让我们感到悲伤茫然、不知所措。对柯维一家来说，这是一段最具挑战性的困难时期。所以，我们一起尽了最大努力。我们依靠着彼此，轮流陪在他们身边，努力使他们的生活幸福，把我们一生中从他们那里得到的爱和关心都回报给他们。每个人都参与其中，包括兄弟姐妹、配偶、孙子孙女、叔叔阿姨、大家庭成员以及一生的朋友。

一路上，我们也看到了许多我们在轻松时期从未经历过的祝福。作为兄弟姐妹和配偶，我们比以往任何时候都更亲密，我们会主动分担我们的悲伤，依靠彼此的支持。我们的关系变得更丰富了，我们自由地原谅彼此在现在看来微不足道的小事，我们变得不那么挑剔。在服侍父母的过程中，我们体验到了真正的幸福。我们对自己的孩子更加温柔，对信仰心存感激，因为信仰是我们的锚，给我们力量和勇气继续前行。我们享受那些美好的日子，享受我们让父母开心的时光，我们喜欢回忆那些美好的日子。

我们不再像一开始那样整天哭，而是从父母乐观的性格中吸取教训，重新开始大笑！我们喜欢唱一首经典的歌曲，来自我们最喜欢的作品之一——《约瑟夫的神奇彩衣》（*Joseph and the Amazing Technicolor Dreamcoat*），这首歌描述了我们的感受："那些迦南的日子，我们曾经知道，它们去了哪里，它们去了哪里！"

对我们来说，"那些迦南的日子"代表了我们手术前的生活，痴呆症之前的生活，父母发生巨大变化之前的生活——我们对美好时光的美好回忆心存感激。

我们家一直都很喜欢电影，我们记得我们最喜欢的电影之一《三个朋友》（*The Three Amigos*）中的一句话，这句话非常适用于我们的情况。为了鼓励他的朋友们在困难时期勇往直前，"幸运日"（史蒂夫·马丁饰）说："在某种程度上，我们所有人都要面对埃尔·瓜波（瓜波是坏人）……对我们来说，瓜波是一个高大、危险的家伙，他想杀了我们！"我们意识到我们家这次也遇到了"埃尔·瓜波"，我们的常用语"笑一笑"在这段黑暗时期拯救了我们。

除了越来越亲密，我们发现我们对别人的困难和悲伤有了更多的同理心。我们亲身体会到那种痛苦和失去亲人的感觉，以及眼睁睁地看着我们的父母挣扎和衰弱的感觉。我们对其他人在困难中经历的事情有了更多的了解，因此我们有了更多的同理心。为了渡过难关，我们把父亲最喜欢说的一句话付诸实践："在困难时刻要坚强。"我们慢慢地意识到他是多么努力地与疾病作斗争，尽他最大的努力，以渐强的心态生活。

我们很快就发现，有很多人真的在意和关心我们的父母，他们一生中为这些人做出了很多贡献。多年的朋友和大家庭成员经常陪父亲坐下来聊聊天，或者带他出去吃午饭。他们也对母亲表达了极大的爱和支持，母亲经常需要一个朋友或一个倾听者，一个可以依靠的肩膀，一个鼓励她继续前进的人。父亲的哥哥约翰一直是他最好的朋友，是我们的依靠。他定期来陪父亲，他的妻子简也经常来看望我们，她是母亲真正的朋友，母亲非常需要和感激她。我们意识到我们是多么幸运，因为我们并不孤单；我们有关心我们的朋友和家人，我们相信上帝仍在保佑我们。

随着时间的推移，母亲以一种非凡而勇敢的方式完美地适应了她的新生活。她的健康状况逐渐好转。她主持了许多家庭活动，重新参与到与朋友的活动中，尽管坐着轮椅，她还是尽可能地享受着快乐充实的生活。就像这本书中提到的许多鼓舞人心的人一样，她没有让自己被挫折所定义，而是以信念和勇气面对它们，继续期待未来。

然而，母亲的大部分时间都花在了努力让父亲的生活更美好上。他的精神和身体能力开始受到更多的影响，很快他就变得非常依赖她和其他人。每天母亲都计划同父亲一起做一些有趣的事情，郊游或其他活动，和老朋友和家人在一起，用他喜欢的事情填满他的生活。母亲讲述了和家人在一起的美好回忆，他们去过的地方，他们一起享受的时光。父亲的话越来越少，但却专注地听她说话，想要一直陪在她身边。尽管这是她一生中最悲伤、最孤独的一段时间，母亲还是尽她所能保证他的安全，悉心照料他。

2012年4月，父亲在自家附近骑着他的自行车，这是他最喜欢的活动，他现在仍然很喜欢。虽然他有一名助手，但不知怎么的，他在下山时失去了控制，撞上了人行道的路缘石，然后从自行车上飞了下来，头部着地。虽然他戴着头盔，但还是因撞击引起了颅内出血。他在医院住了一段时间，我们担心他是否会在这个时候去世。然而，几周后，他似乎恢复了一些，可以回家了，虽然他活动因此受限，但他仍然和我们在一起。

那年夏天，我们去了我们在蒙大拿的家庭小屋，享受了我们不知道那将是我们和父亲在一起的最后几天。7月4日那天，我们举行了一场烧烤活动，大家围在火堆旁聊天、唱歌、烤棉花糖、做夹心饼干，各个年龄段的兄弟姐妹们一起嬉笑玩耍，伴着音乐跳疯狂的舞蹈，唱歌，放焰火，为这个夏夜画上了一个完美的句号。父亲似乎有了回应，很长一段时间都没有这么开心过。几年前，当他建造我们的小屋时，他就设想过这样一个夜晚，他把小屋恰如其分地命名为"遗产"。他精心规划了院子里的每一个地方，让他的家人在美丽的"长空之乡"一起享受，这是我们最喜欢的地方。这个美丽的小木屋和这片空间是他留给我们的真正的遗产，我们现在非常喜欢回顾那个神奇的夜晚，因为仅仅几个星期后，我们的父亲就离开了。

7月15日，父亲头部意外地再次出血，被救护车送往医院。得知父亲的情况如此严重后，我们九个孩子和配偶都驱车前往医院。奇迹般地，我们都及时赶到了，向父亲道别。7月16日，周一的清晨，父亲平静地离世，母亲和家人围绕在他的身边，正如他所希望的那样。当他离开时，我们感受到了一种无法抑制的爱，我们将永远记住并珍惜这种深深的平静。他离八十大寿只差几个月就去世了，比我们想象的要早。每一位家庭成员都坚信我们会再次与他在一起。

在接下来的几个星期里，我们都非常想念我们伟大的父亲，但由于疾病给他带来的身体和精神上的限制，我们很庆幸他从痛苦和折磨中解脱了。最后，他几乎说不出话来，这是他那类痴呆的症状之一。我们认为很讽刺的是，他的伟大天赋——通过语言和思想鼓舞他人——祝福了如此多的人——最终却被剥夺了。他又回到了原点。

不要因为结束而哭泣；微笑吧，因为它发生了。

——苏斯博士

在这本书中，如果你获得了启发，请学会以渐强的心态生活。不过，我们还没有讨论过精神或身体健康方面的挑战，或其他你无法控制的情况，这些情况可能会阻止你以渐强的心态生活。在现实中，你只能尽自己最大的努力克服这些困难。

我们相信父亲为我们树立了一个榜样，他一直尝试以渐强的心态生活。在他开始出现痴呆症的迹象之前，父亲确实在从事几个不同的写作项目，包括这本书，并参与了许多其他令他兴奋的重大冒险。他全身心地投入工作中，并计划了许多活动和旅行来帮助我们家庭增进感情。他总是在家庭聚会或电话中分享他的经历、重要的学习成果和他正在写作和教授的新想法。是的，他全身心地投入工作中，并且深信他最伟大的作品还在前方等着他，直到他开始经历智力衰退。

就在这本书完成前不久，我们的母亲桑德拉·柯维意外而平静地去世了——这也是"以渐强的心态生活"的有力例证。尽管她生命的最后12年都在轮椅上度过，但她每天都展现出这种心态，充分享受作为柯维一家女家长的生活。直到最后，她都让我们备受鼓舞。

在她的葬礼上，她的九个孩子都赞扬了她一生中表现出的一些令人钦佩的品格。我讲了一个我最喜欢的故事，是关于她活泼的性格和她对有意义的生活持积极主动（"把握当下"）的态度的例子。几年前，在法国观光了一天后，母亲拼命找洗手间。当她走进一家餐馆时，老板指着关门的牌子挥手让她离开。但我的母亲坚持要去。

"拜托了——我真的需要用一下你的洗手间。"她告诉老板。

但那女人坚持说："夫人，已经打烊了。"

我母亲从她身边推过去，回过头喊道："还没打烊呢！"然后匆匆走下楼梯。

这个女人很生气，因为母亲没有得到允许就走了，就故意把灯关掉，所以她不得不在一个不熟悉的地下室里跌跌撞撞地找到洗手间，在黑暗中摸索着爬上楼梯。过了一段时间，母亲终于出来了，面对着那个女人的目光，她得意地举起手臂，大声喊道："法国万岁！"然后走出了大门。

她那句"还没打烊呢！"体现了她的生活准则——以渐强的心

态！在手术康复之后，尽管困难重重，她还是努力恢复自己的生活，重新参加各种活动，即使她的健康仍然面临挑战。当她被困在轮椅上时，她没有回头可怜自己，而是期待着前方的一切——下一个家庭聚会，下一个重大活动，下一个生活趣事——对即将到来的一切感到兴奋，总是想做更多的事情。

虽然我们的母亲每天都坐在轮椅上生活，但她仍然享受着各种社交活动，在读书俱乐部里领导讨论，参加教会和服务活动，在当地大学的校长委员会任职，在橄榄球和篮球比赛中为自己的球队加油，支持孙子孙女们的活动，和许多朋友一起外出游玩。她以一种盛大的方式和尽可能多的人一起庆祝每个节日。

在圣帕特里克节，她会给邻居们送三叶草饼干；而在愚人节，只要她能捉弄别人，她就会笑得前仰后合。她试图在社交活动上邀请各种各样的人，经常随机邀请邻居和他们的家人度过一个有趣的夜晚。她喜欢讨论政治，在选举期间，她会邀请各种各样的朋友到她家参加一场关于当下热点话题的公开讨论，天真地认为他们要么是保守派，要么是自由派，并请他们在一个友好的氛围中分享自己的观点。

就在她去世的三周前，她让她的女儿科琳购买并包装了60份圣诞礼物。她坐在面包车里，让她最小的孩子约书亚和他的孩子们亲自把每一份礼物送到她60个最亲密的朋友和邻居家门口。她在一年四季都践行了"把握当下"的准则。

虽然多年前她就遭遇了健康问题，但她并没有停止对社区的贡献，并实现了在犹他州普罗沃市建造一座艺术中心的毕生梦想。她花了好几年的时间担任这个项目委员会的主席，让城市官员和市民参与其中，找到一栋建筑进行改造，并不断筹集资金，使其实现。现在，柯维艺术中心（以她的名字命名）每年有300多天被充分使用，主办各种歌剧、芭蕾舞、戏剧、演出和其他文化娱乐活动。

但最重要的是，我们的母亲还没有结束她这个不断壮大的大家庭的女家长角色。她的病情在医院里多次反复，当时她的身体几乎停止运转，经历了我们认为的"奇迹"，挺过了一次又一次的难关。

她从来没有错过任何一个陪伴子孙后代的机会。她参与庆祝他们出生、婴儿祝福、洗礼、毕业、婚礼、生日、假期、演出等任何重要的场合。直到最后，她给家里的每一个人都寄了一张生日贺卡——家里有9个孩子和他们的配偶，55个孙辈，43个曾孙——这几乎是一份全职工作！每个家庭成员都感受到了她的爱，并定期看望她。她和她的孙子、曾孙有着特殊的关系，他们亲切地叫她"美尔，美尔"。用我们父亲的话说，她"美极了"。在她的葬礼上，她所有的孙辈和曾孙辈都站在那里向她致敬，唱着她喜欢的《让世界充满爱》，歌词反映了她一生的使命。

令我们无比自豪的是，我们敬爱的母亲让我们的世界充满了爱。尽管面临种种挑战，她还是选择了以渐强的心态生活，并始终"坚强、勇敢和真实"。她一直激励着我们以及所有认识她并爱她的人。因此，作为一个家庭，我们总会自豪地宣布："桑德拉万岁！"

我分享这些个人见解，是希望无论你的生活环境如何，你都要学会以渐强的心态生活。虽然我们的父母暂时离开了我们的视线，但他们的遗产将延续下去——通过他们的后代，通过那些同样被激励着以渐强的心态生活的人。

　　活在后人心中，就不算死亡。

——托马斯·坎贝尔

"坚守希望"
瑞秋·柯维基金会

一旦你选择了希望，一切皆有可能。

——克里斯托弗·里夫

父亲去世两个月后，我美丽的侄女瑞秋·柯维因为抑郁症去世了，年仅21岁。这对她慈爱的父母——我的弟弟肖恩和他的妻子丽贝卡来说尤其艰难，在失去父亲后更是难上加难。瑞秋是肖恩家里八个孩子中的长女，我们都很爱她，她的去世让我们深受打击。

瑞秋平日里很是优秀，并拥有许多真正重要的非凡天赋：她善良、关心他人、敏感、有趣、有爱心、有创造力、无私、冒险和慷慨。她的笑声极富感染力，深受孩子们的喜爱，而且她对马有着异乎寻常的热情和喜爱。我们对上帝的信仰使我们感到安慰，我们相信她的祖父在她之前去世不是偶然的。

肖恩和丽贝卡勇敢地选择在瑞秋的讣告中写上她与抑郁症的斗争，以帮助其他与之抗争的人。在他们悲伤的时候做这件事是需要勇气的，这也鼓舞了其他遭受同样痛苦的人。许多人来到他们面前，含泪分享他们自己的经历，或一个家庭成员的经历，开启了他们的治愈之路。柯维一家再次聚集在一起，拥抱了肖恩、丽贝卡和他们的孩子，还有他们的亲朋好友。

出于好意，一个邻居告诉我弟弟肖恩，瑞秋去世后，他的余生心里永远会有一道疤。肖恩被这句话弄得心烦意乱，他想了想，决定不再让心里留疤，而要在心脏上长出一块新的肉。带着这样的心态，肖恩和丽贝卡在他们的康复之旅中激励并震惊了我们所有人。尽管这非常困难，但他们选择带着信念和勇气继续前进，努力经营着他们强大的家庭。

瑞秋喜欢参加40公里的耐力赛，在完成第一次比赛后，她热情地告诉父母："我找到了自己的心声。"她去世后，瑞秋的一些朋友找到肖恩和丽贝卡，讲述她如何在困难时期教会他们骑马，帮助他们。尽管仍然悲伤，肖恩和丽贝卡还是受到了鼓舞，成立了一个基金会来纪念和庆祝他们女儿的生活，帮助其他年轻女性体验同样的快乐。

当他们成立基金会时，丽贝卡回忆道："我的一面说，'我根本不想做基金会，我只想要瑞秋回来！我想让她回到马背上，我想看到她脸上的笑容'。但我的另一面说，'好吧，但她不会回来了'。所以我们要去帮那些挣扎的女孩，把她们带到谷仓，教她们骑马，这样她们就能得到帮助，克服困难。"

因此，在他们的悲痛中，"坚守希望"瑞秋·柯维基金会诞生了，该基金会的使命是通过马术训练激发年轻女性的希望、信心和韧性。它为年龄在12岁到25岁之间的女孩提供一个独特的14周的项目，这些女孩与自卑、焦虑或抑郁作斗争，经历过创伤或虐待，或只是失去了希望。在"坚守希望"牧场，女孩们学习如何骑马并与马建立联系，发展生活技能，并通过服务寻找前景。在这个世界上，有太多的女孩觉得自己永远无法达到标准，无法成功，"坚守希望"帮助她们认识到自己内在的价值和潜力，建立自信，克服个人困难。

　　肖恩是国际畅销书《杰出青少年的7个习惯》的作者，这本书与我们父亲的《高效能人士的七个习惯》基于同样的原则，但是是为青少年量身定做的。这七个习惯是在"坚守希望"课程中教授的，学习和应用它们是该项目的重要组成部分。除了在如何驾驭和骑马方面获得信心外，女孩们学到的人生课程还包括在学校取得成功、处理同伴压力、做出正确的选择和决定、以服务回报他人，以及其他宝贵的课程，这些课程可以帮助她们迷茫时找到指路明灯。肖恩和丽贝卡相信，如果你救了一个女孩，你就救了几代人！

　　该项目的一位毕业生最近分享了她的故事：

　　　　在我经历这个项目之前，我已经接受了一年多的心理咨询，仍然在努力让自己重新振作起来。我尽我所能地努力去应对我所面临的创伤和随之而来的问题，但我感觉我的生活被毁了。我真的想知道我还能不能再快乐或成功。我在"坚守希望"中找到了我多年来生活中缺失的东西——希望。我通过马匹、出色的教练和七个习惯学会了如何驾驭生活中希望的力量，并最终开始前进。

　　　　我学到的最有影响的东西是个人责任的概念。这是一种微妙的平衡，既要避免对不是因我的过错造成的损失感到内疚，又要接受为我的康复和当下生活承担责任。通过和马一起工作，我学会了如何建立和保持界限，并与他人高效沟通。随着时间的推移，我觉得创造我想要的生活的个人力量又回到了我身上。学会如何把七个习惯的技巧付诸实践，并相信我可以实现我在创伤前所希望的生活，是我生命中看似无望的时期最大的幸运。

"坚守希望"已经改变了1000多名女孩的生活，并扩展到多个州和国家。他们的愿景是，该基金会的标志——粉色的马蹄铁——有一天会被认为是在年轻女性身上建立希望的全球标志，就像粉红色的丝带是提高乳腺癌意识的全球标志一样。他们计划在全球1000多个地方建立"坚守希望"分会，最终影响到成千上万的女孩。

青少年，特别是少女的焦虑和抑郁已成为全球流行病。女孩们努力让自己感觉足够良好、足够聪明、足够漂亮或足够苗条，而社交媒体并没有帮助她们。她们觉得自己需要达到这个不可思议的完美标准，可这对她们的心理健康造成了伤害。因此，这个项目的需求非常大，超过了基金会筹集资金的速度。因此，为了帮助女孩们筹集资金并提供奖学金，肖恩和丽贝卡开了一家网上商店，名为"坚守希望之店"。这家商店出售卫衣、运动衫、印有肯定宣言的T恤、珠宝和其他物品，所有这些都带有骑马的色彩。与纽曼系列产品类似，全部利润都用于支持"坚守希望"基金会。

瑞秋去世三年多后，肖恩在一个悲伤会议上发表了讲话，所有与会者都刚刚失去了一个亲近的人。这对他来说是一项艰巨的任务，因为他从来没有公开谈论过瑞秋的去世。他开始说："我是来陪你哀悼的，不是来拯救你的。正如你可能经历过的那样，善意的人会说一些最不敏感的话来帮助你愈合伤口。悲伤是没有捷径的。你必须经历它。我想让你知道，我感受到了你的悲痛——我理解。"

然后，肖恩勇敢地讲述了他在过去三年里经历悲伤后努力康复的故事。瑞秋去世后，他发现："当你面对悲剧或改变人生的情况时，你基本上有三种选择。第一种，任它毁灭你。第二种，任它定义你。第三种，借它变得坚强。"

尽管这是他做过的最困难的事情，他还是有意识地决定接受第三种选择。虽然肖恩承认没有神奇的治愈时间表，但他分享了一些帮助他和他的家人继续前进的想法。

• 写下你想要记住的东西。在一份特别的日志中，肖恩和丽贝卡记录了他们不想忘记的经历、感受和记忆，其中一些是他们从家人那里得到的，还有一些是他们不想忘记的。他们写下了瑞秋去世后发生的许多小奇迹，以及其他人对她对他们生活的影响的看法。当他们想要亲近她并向她表达敬意时，他们会阅读他们写的东西。

• 庆祝有意义的日子。肖恩和丽贝卡不想把记忆停留在她去世的那天，所以他们仍然和他们的孩子以及他们的大家庭一起庆祝瑞秋的生日。他们讲着瑞秋的故事，为她滑稽的俏皮话而大笑，重温回忆，为她做美味的香蕉面包和自制的萨尔萨酱。他们总会在桌上摆上西瓜——瑞秋一直以来的最爱。这是他们期待一起度过的有意义的时刻，通过庆祝她的生活来怀念她。

• 找到你的心声，让发生的事情变得美好。这就是肖恩和丽贝卡成立"坚守希望"的原因。通过这个基金会的工作，他们每天都看到生活的改变，他们通过帮助其他以类似方式奋斗的人来纪念瑞秋。用肖恩的话说，"坚守希望是瑞秋的写照——希望遍及各地"。

"找到自己的声音，并帮助别人找到他们的声音"，这有助于你处理自己的伤口。当你祝福他人时，你会痊愈并再次找到幸福。

肖恩最后承认，悲伤并没有一个固定的时间表。这对每个人来说都是不同的。他最后传达的信息是希望："上帝关心你，生活还在继续，总有一天你会再次感到完整和快乐，就像我一样。我保证。"

作者后记

我希望你能像我（和我父亲）喜欢写这本书一样喜欢阅读它，它帮助你改变了你的思维模式，点燃了你的激情。到目前为止，我也希望你意识到，无论你处于什么年龄段，你都可以以渐强的心态生活。

对我来说，这是一种神圣的职责，是许多年前我们一起开始从事这项工作时，我父亲赋予我的。完成它是一个漫长而艰难的过程，但我学到了很多，看到了世界各地许多令人振奋的故事后，我也备受鼓舞。

无论你的年龄和地位如何，不要停住你做贡献的脚步。你应该永远在生活中寻求更高的目标和更美好的事物。你可能满足于过去的成就，但要相信下一个更伟大的贡献就在前方。你要建立人际关系，服务社区，巩固家庭，解决问题，更新学识，创造伟大的作品。无论是在中年挣扎，经历过成功的顶峰，正面临改变人生的挫折，还是在人生的后半程，你都要知道，尽管有挑战，你最伟大和最重要的贡献仍在前方。

正如你在结语中读到的，我们家庭"以渐强的心态生活"之旅有了新的意义，因为我们一起迎接了我们自己的个人挑战。我在这本书中分享的几十个鼓舞人心的故事证明，渐强心态可以在任何阶段加以应用，并将极大地丰富你的生活。

　　想想所有你能分享的才能，你能达成的成就，你将祝福的生命，以及当你这么做时，涌向你内心的快乐。所以，开始吧，创造你自己的精彩贡献！不要怀疑自己。你的能力将得到拓展，我相信，当你这样做的时候，你的天赋和才华，以及你做出的贡献，会照亮你的生活、你的家庭、你的社区，甚至是整个世界。

——辛西娅·柯维·哈勒

致　谢

怀着深深的感激之情，我要在这里向很多人表示感谢，是他们让这本书的编写和出版成为可能。《以渐强的心态生活》是一个长达十多年的项目，我非常感谢一路上有这么多美好的人带给我的善意和巨大支持。

我要永远感谢我最好的朋友、结婚42年的丈夫——卡梅隆·哈勒，感谢他对我和这本书始终不渝的爱和坚定的支持。他总是给予我很大的信心，相信我有能力以最好的方式完成这本书。他的洞察力、批判思维、智慧和判断力一如既往地中肯，这些都支撑着我度过了很多困难时期，我很是感激我的生命中有他。

此外，我还要感谢我的六个出色的孩子以及他们的配偶所给予我的巨大支持：劳伦和谢恩、香农和贾斯汀、卡梅隆和海莉、米切尔和莎拉、迈克尔和艾米丽、康纳和汉娜。他们不仅给我提供了暖心的支持，而且还给了我很多反馈，在我忙于写作时，他们对我充满耐心，并为我加油。正如我最小的儿子康纳善意地提醒我的那样："要尽快完成它！你花了我从出生到现在一半的时间在写这本书！"我的21个可爱的孙子孙女也给了我一个不断"以渐强的心态生活"的机会。

特别感谢我的弟弟肖恩，他从一开始就给了我和《以渐强的心态生活》很大的信心，并在我从写作到出版的整个过程中指导我，包括宝贵的编辑协助、合同专业知识和营销指导。我很感激我的弟弟妹妹，他们读了这本书的初稿，并给予我很大的鼓励：玛丽亚提供了额外的编辑协助，而史蒂芬则尽其所能地做了推广。感谢我的叔叔约翰，他及时打电话鼓励我，感谢我的大家庭成员和朋友对我的关心和支持，尤其是卡罗尔·奈特，她在早期做出了重要贡献，还有格雷格·林克，他阅读了多次初稿，经常提出宝贵的建议。

我要感谢富兰克林柯维团队，尤其是黛布拉·伦德，她为争取推荐付出了很多努力；以及斯科特·米勒、安妮·奥斯瓦尔德、兰尼·霍斯和扎克·钱尼的帮忙。

我很感激我的经纪人简·米勒和她的同事香农·米泽-马文，他们从一开始就笃信"以渐强的心态生活"的理念。我非常感激有这样优秀的编辑——戴夫·皮丽乐和罗伯特·阿西纳，他们的专业技能提升了这本书的内容品质和呈现效果。简·米勒和罗伯特·阿西纳也是我父亲的经纪人和《高效能人士的七个习惯》的编辑。在准备出版这本书稿的过程中，我很幸运地与我在西蒙舒斯特的团队密切合作，包括我的编辑斯蒂芬妮·弗雷里奇，以及艾米丽·西蒙森和玛丽亚·门德斯，他们带领我这个初次写书的人完成了整个写作出版的流程。

可以说，《以渐强的心态生活》是我父亲的"最后一节课"，我如约按父亲的想法完成了这本我们从2008年就开始一起写的书。在整个写作过程中，我感受到了他的巨大影响力，我向他致敬，他是一位伟大的父亲，也是一位鼓舞人心的领袖，他"活过，爱过，留下了遗产"。我的母亲，桑德拉·柯维，也同我的父亲一样伟大。在我和其他家庭成员的一生中，她都无条件地信任我们、支持我们。是他们高贵的品格塑造了我，我不禁感叹这是一份多么美好的馈赠啊！

最后，如果我不承认上帝在我生命中的良善和影响，我就是忘恩负义。我衷心地感谢上帝的指引和启示，感谢他赋予我勇气和信心去从事如此伟大的工作，感谢他赋予我完成这项事业的能力。

关于作者

史蒂芬·柯维(1932—2012)是《时代》杂志评选的25位最具影响力的美国人之一，他是国际上受人尊敬的领导权威、家庭专家、教师、组织顾问、商业领袖和作家。他的书被翻译成50多种语言，在全世界售出了4000多万册（纸质版、电子书和有声书），《高效能人士的七个习惯》被评为20世纪最具影响力的商业书籍。在获得哈佛大学工商管理硕士学位和杨百翰大学博士学位后，他成为世界上最受信任的领导力公司富兰克林柯维公司的联合创始人和副董事长。

辛西娅·柯维·哈勒是一位作家、教师、演说家，也是她所在社区的积极参与者。她参与撰写了几本书，尤其是史蒂芬·柯维博士的《第3选择》、肖恩·柯维的《杰出青少年的7个习惯》和《杰出青少年的6个决定》。辛西娅在妇女组织中担任过多个领导职位，曾担任PTSA主席，难民援助组织者和食品储藏室志愿者，她目前与丈夫卡梅隆一起工作，担任服务志愿者，帮助民众解决就业需求。她毕业于杨百翰大学，和家人住在犹他州的盐湖城。

三十多年前，当史蒂芬·R. 柯维（Stephen R. Covey）和希鲁姆·W. 史密斯（Hyrum W. Smith）在各自领域开展研究以帮助个人和组织提升绩效时，他们都注意到一个核心问题——人的因素。专研领导力发展的柯维博士发现，志向远大的个人往往违背其渴望成功所依托的根本性原则，却期望改变环境、结果或合作伙伴，而非改变自我。专研生产力的希鲁姆先生发现，制订重要目标时，人们对实现目标所需的原则、专业知识、流程和工具所知甚少。

柯维博士和希鲁姆先生都意识到，解决问题的根源在于帮助人们改变行为模式。经过多年的测试、研究和经验积累，他们同时发现，持续性的行为变革不仅仅需要培训内容，还需要个人和组织采取全新的思维方式，掌握和实践更好的全新行为模式，直至习惯养成为止。柯维博士在其经典著作《高效能人士的七个习惯》中公布了其研究结果，该书现已成为世界上最具影响力的图书之一。 在富兰克林规划系统（Franklin Planning System）的基础上，希鲁姆先生创建了一种基于结果的规划方法，该方法风靡全球，并从根本上改变了个人和组织增加生产力的方式。他们还分别创建了「柯维领导力中心」和「Franklin Quest公司」，旨在扩大其全球影响力。1997年，上述两个组织合并，由此诞生了如今的富兰克林柯维公司（FranklinCovey, NYSE: FC）。

如今，富兰克林柯维公司已成为全球值得信赖的领导力公司，帮助组织提升绩效的前沿领导者。富兰克林柯维与您合作，在影响组织持续成功的四个关键领域（领导力、个人效能、文化和业务成果）中实现大规模的行为改变。我们结合基于数十年研发的强大内容、专家顾问和讲师，以及支持和强化能够持续发生行为改变的创新技术来实现这一目标。我们独特的方法始于人类效能的永恒原则。通过与我们合作，您将为组织中每个地区、每个层级的员工提供他们所需的思维方式、技能和工具，辅导他们完成影响之旅——一次变革性的学习体验。我们提供达成突破性成果的公式——内容+人+技术——富兰克林柯维完美整合了这三个方面，帮助领导者和团队达到新的绩效水平并更好地协同工作，从而带来卓越的业务成果。

富兰克林柯维公司足迹遍布全球160多个国家，拥有超过2000名员工，超过10万个企业内部认证讲师，共同致力于同一个使命：帮助世界各地的员工和组织成就卓越。本着坚定不移的原则，基于业已验证的实践基础，我们为客户提供知识、工具、方法、培训和思维领导力。富兰克林柯维公司每年服务超过15000家客户，包括90%的财富100强公司、75%以上的财富500强公司，以及数千家中小型企业和诸多政府机构和教育机构。

富兰克林柯维公司的备受赞誉的知识体系和学习经验充分体现在一系列的培训咨询产品中，并且可以根据组织和个人的需求定制。富兰克林柯维公司拥有经验丰富的顾问和讲师团队，能够将我们的产品内容和服务定制化，以多元化的交付方式满足您的人才、文化及业务需求。

富兰克林柯维公司自1996年进入中国，目前在北京、上海、广州、深圳设有分公司。

www.franklincovey.com.cn

更多详细信息请联系我们：

北京　　朝阳区光华路1号北京嘉里中心写字楼南楼24层2418&2430室
　　　　　电话：(8610) 8529 6928　　　　邮箱：marketingbj@franklincoveychina.cn

上海　　黄浦区淮海中路381号上海中环广场28楼2825室
　　　　　电话：(8621) 6391 5888　　　　邮箱：marketingsh@franklincoveychina.cn

广州　　天河区华夏路26号雅居乐中心31楼F08室
　　　　　电话：(8620) 8558 1860　　　　邮箱：marketinggz@franklincoveychina.cn

深圳　　福田区福华三路与金田路交汇处鼎和大厦21层C02室
　　　　　电话：(86755) 8337 3806　　　　邮箱：marketingsz@franklincoveychina.cn

柯维公众号

柯维视频号

柯维+

富兰克林柯维中国数字化解决方案：

　　「柯维+」（Coveyplus）是富兰克林柯维中国公司从2020年开始投资开发的数字化内容和学习管理平台，面向企业客户，以音频、视频和文字的形式传播富兰克林柯维独家版权的原创精品内容，覆盖富兰克林柯维公司全系列产品内容。

　　「柯维+」数字化内容的交付轻盈便捷，让客户能够用有限的预算将知识普及到最大的范围，是一种借助数字技术创造的高性价比交付方式。

　　如果您有兴趣评估「柯维+」的适用性，请添加微信coveyplus，联系柯维数字化学习团队的专员以获得体验账号。

富兰克林柯维公司在中国提供的解决方案包括：

I. 领导力发展：

高效能人士的七个习惯®(标准版) The 7 Habits of Highly Effective People®	THE 7 HABITS of Highly Effective People® SIGNATURE EDITION 4.0	提高个体的生产力及影响力，培养更加高效且有责任感的成年人。
高效能人士的七个习惯®(基础版) The 7 Habits of Highly Effective People® Foundations	THE 7 HABITS of Highly Effective People® FOUNDATIONS	提高整体员工效能及个人成长以走向更加成熟和高绩效表现。
高效能经理的七个习惯® The 7 Habits® for Manager	THE 7 HABITS FOR Managers ESSENTIAL SKILLS AND TOOLS FOR LEADING TEAMS	领导团队与他人一起实现可持续成果的基本技能和工具。
领导者实践七个习惯® The 7 Habits® Leader Implementation	THE 7 HABITS® Leader Implementation COACHING YOUR TEAM TO HIGHER PERFORMANCE	基于七个习惯的理论工具辅导团队成员实现高绩效表现。
卓越领导4大天职™ The 4 Essential Roles of Leadership™	The 4 Essential Roles of LEADERSHIP™	卓越的领导者有意识地领导自己和团队与这些角色保持一致。
领导团队6关键™ The 6 Critical Practices for Leading a Team™	THE 6 CRIRICAL PRACTICES FOR LEADING A TEAM™	提供有效领导他人的关键角色所需的思维方式、技能和工具。
乘法领导者® Multipliers®	MULTIPLIERS® HOW THE BEST LEADERS IGNITE EVERYONE'S INTELLIGENCE	卓越的领导者需要激发每一个人的智慧以取得优秀的绩效结果。
无意识偏见™ Unconscious Bias™	UNCONSCIOUS BIAS™	帮助领导者和团队成员解决无意识偏见从而提高组织的绩效。
找到原因™：成功创新的关键 Find Out Why™: The Key to Successful Innovation	Find Out WHY™ THE KEY TO SUCCESSFUL INNOVATION	深入了解客户所期望的体验，利用这些知识来推动成功的创新。
变革管理™ Change Management™	CHANGE How to Turn Uncertainty Into Opportunity™	学习可预测的变化模式并驾驭它以便有意识地确定如何前进。

| 培养商业敏感度™
Building Business Acumen™ | Building Business Acumen | 提升员工专业化，看到组织运作方式和他们如何影响最终盈利。 |

II. 战略共识落地：

| 高效执行四原则®
The 4 Disciplines of Execution® | The 4Disciplines of Execution | 为组织和领导者提供创建高绩效文化及战略目标落地的系统。 |

III. 个人效能精进：

激发个人效能的五个选择® The 5 Choices to Extraordinary Productivity®	THE 5 CHOICES to extraordinary productivity	将原则与神经科学相结合，更好地管理决策力、专注力和精力。
项目管理精华™ Project Management Essentials for the Unofficial Project Manager™	PROJECT MANAGEMENT ESSENTIALS™ For the Unofficial Project Manager	项目管理协会与富兰克林柯维联合研发以成功完成每类项目。
高级商务演示® Presentation Advantage®	Presentation Advantage TOOLS FOR HIGHLY EFFECTIVE COMMUNICATION	学习科学演讲技能以便在知识时代更好地影响和说服他人。
高级商务写作® Writing Advantage®	Writing Advantage TOOLS FOR HIGHLY EFFECTIVE COMMUNICATION	专业技能提高生产力，促进解决问题，减少沟通失败，建立信誉。
高级商务会议® Meeting Advantage®	Meeting Advantage TOOLS FOR HIGHLY EFFECTIVE COMMUNICATION	高效会议促使参与者投入、负责并有助于提高人际技能和产能。

IV. 信任：

| 信任的速度™（经理版）
Leading at the Speed of Trust™ | Leading at the SPEED OF TRUST | 引领团队充满活力和参与度，更有效地协作以取得可持续成果。 |
| 信任的速度®（基础版）
Speed of Trust®: Foundations | SPEED OF TRUST FOUNDATIONS | 建立信任是一项可学习的技能以提升沟通，创造力和参与度。 |

V. 顾问式销售：

| 帮助客户成功®
Helping Clients Succeed® | HELPING CLIENTS SUCCEED® | 运用世界顶级的思维方式和技能来完成更多的有效销售。 |

VI. 客户忠诚度：

| 引领客户忠诚度™
Leading Customer Loyalty™ | LEADING CUSTOMER LOYALTY™ | 学习如何自下而上地引领员工和客户成为组织的衷心推动者。 |